江苏省
湖泊甲烷气体
排放机理研究

祝栋林 著

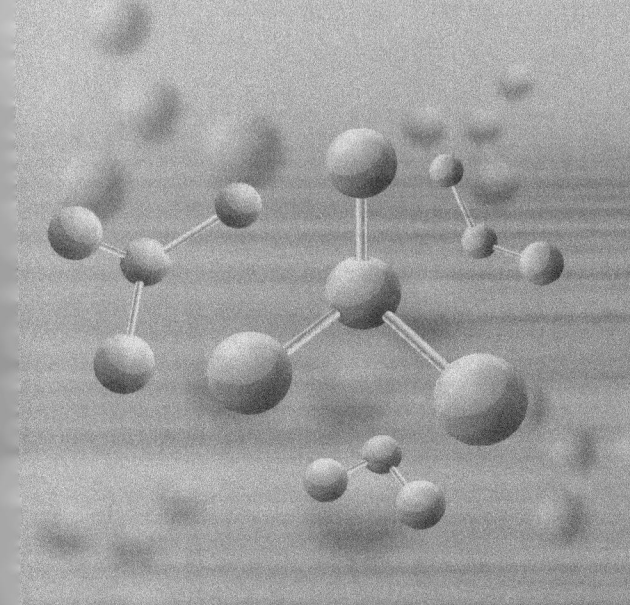

河海大学出版社
·南京·

图书在版编目(CIP)数据

江苏省湖泊甲烷气体排放机理研究 / 祝栋林著. --
南京：河海大学出版社，2023.6
　　ISBN 978-7-5630-8249-0

Ⅰ．①江… Ⅱ．①祝… Ⅲ．①湖泊－甲烷－气体扩散
－研究－江苏 Ⅳ．①X524

中国国家版本馆 CIP 数据核字(2023)第 108748 号

书　　名	江苏省湖泊甲烷气体排放机理研究
书　　号	ISBN 978-7-5630-8249-0
责任编辑	龚　俊
文字编辑	朱梦媛
特约校对	梁顺弟
装帧设计	槿容轩　张育智　刘　冶
出版发行	河海大学出版社
地　　址	南京市西康路 1 号(邮编:210098)
电　　话	(025)83737852(总编室)　(025)83722833(营销部)
经　　销	江苏省新华发行集团有限公司
排　　版	南京布克文化发展有限公司
印　　刷	广东虎彩云印刷有限公司
开　　本	718 毫米×1000 毫米　1/16
印　　张	8.5
字　　数	134 千字
版　　次	2023 年 6 月第 1 版
印　　次	2023 年 6 月第 1 次印刷
定　　价	80.00 元

摘要

  湖泊等湿地系统是大气甲烷的主要自然释放源。受人类活动的影响，外源营养物质的输入导致湖泊出现不同程度的富营养化。富营养化不仅改变营养物质的循环，引起藻类暴发和沉积物中有机物的累积，还导致厌氧环境的形成及加剧甲烷的释放。我国湖泊大都属于浅水湖泊，目前都遭受着不同程度的富营养化。近年来，我国对这些湖泊进行了综合治理，除削减外源营养物质输入外，还进行了蓝藻打捞及生态清淤等工程。目前对湖泊底泥、水、气介质中甲烷产生及释放的整体机制还不清楚，尤其是在上述工程治理的背景下更是缺乏系统的研究。

  本书以流域性富营养化浅水湖泊太湖和城市浅水湖泊玄武湖为研究对象，从多角度分析了甲烷的水-气界面交换通量及甲烷在空气、水体及沉积物中的含量，探讨了环境工程手段、水体（沉积物）理化性质和生物因素对水体中甲烷含量和分布的影响，主要包括以下内容：

  对太湖和玄武湖湖面空气中的甲烷浓度进行了分析，发现太湖不同区域空气中甲烷含量的差异性比玄武湖的要大，玄武湖上空甲烷浓度的平均含量比太湖表面空气中甲烷含量要高。太湖清淤区域的甲烷空气浓度要比未清淤区域的显著较低，太湖北部未清淤区域较东南部未清淤区域甲烷空气浓度略高。甲烷在水-气界面的交换通量与季节变化有关，其中冬季和春季的通量低于夏季和秋季。沉积物的分布和厚度对上覆水体中甲烷的垂向分布浓度变化有影响，沉积物含量多的地方呈现梯度效应，且含量通常比无沉积物区的要高。

对太湖和玄武湖水体中各项理化指标变化与表层水体中甲烷含量间的关系进行主成分分析,甲烷在太湖上覆水体中与氮组分相关性大,而在玄武湖上覆水体中与磷组分相关性大,说明水体中甲烷的含量变化在两种湖泊中的影响机制有所差异。另外太湖水体的pH、溶解氧含量、总有机碳含量和藻类等指标对同一组分具有较大的贡献,并且指标间能够进行合理解释,表明主成分分析法的结果具有较高的可靠性,而甲烷的含量与其他指标的变化间存在差异,表明水体中甲烷的含量受多种因素的影响。

本书对表层沉积物中的甲烷含量及多种理化指标进行了分析,发现两个湖泊的表层沉积物的粒径、pH、总氮(TN)和含水率等指标变化不大;主成分分析结果显示两个湖泊中甲烷的含量与其他指标间的关系有一定的差异。对表层沉积物中总氮、氨氮、总磷(TP)、正磷酸盐(PO_4^{3-})和金属离子如Mn、Zn、Fe、Ni、Cu和Mg等指标进行了主成分分析,发现这些指标中玄武湖表层沉积物间隙水各指标总体分为三个组分,氨、正磷酸盐、Ni和甲烷主要在第二组分上,Fe和水-气界面间甲烷通量在第三组分上;太湖的各指标中,Mn、Mg和甲烷主要在第二组分,Ni和水-气界面甲烷通量主要在第三组分。

对垂向沉积物中甲烷和理化指标进行了分析,结果表明在表层(0~6 cm)的甲烷浓度比深层(6~21 cm)的明显要低。pH、TP、TN和有机物质(OM)等指标也随着深度变化有所降低。主成分分析结果显示,玄武湖的水分含量、pH、总氮和总有机质含量主要在第一组分上,而甲烷和总磷主要在第二组分上;然而太湖的各个指标间均在同一组分上。

玄武湖沉积物中过氧化氢酶的活性在表层低于底层,而在太湖沉积物中则表现出先升高后降低的趋势,其底层沉积物的活性显著低于表层;纤维素酶的活性在玄武湖和太湖梅梁湾的沉积物中变化趋势相同,都呈随深度下降趋势;玄武湖沉积物中蔗糖酶的活性在3~6 cm处最高,其他层间变化不大,而太湖沉积物中蔗糖酶的活性呈现随深度下降趋势;玄武湖沉积物中脲酶的活性在垂直方向上变化不大,而在太湖沉积物中其活性在垂直方向上在增加,但增加的趋势在统计学上差异不大。

玄武湖沉积物中细菌的16S rRNA基因的拷贝数在2.44×10^9~$1.59 \times$

10^{10} g^{-1}干重沉积物之内，而太湖梅梁湾沉积物中的细菌 16S rRNA 基因的拷贝数在不同沉积物内变化相对较大；玄武湖沉积物中古细菌的 16S rRNA 基因拷贝数在 4.84×10^8~1.77×10^9 之内，而太湖沉积物中古细菌的 16S rRNA 基因拷贝数变化在 1.10×10^7~1.74×10^9 拷贝数每克沉积物湿重内。

甲烷菌甲烷杆菌目（Methanobacteriales，MBT），甲烷微菌目（Methanomicrobiales，MMB）和甲烷八叠球菌目（Methanosarcinales，MSL）及甲烷八叠球菌属（Methanosarcinaceae）和甲烷鬃菌科（Methanosaetaceae）的甲烷菌在玄武湖和太湖沉积物各层中得到检出，并且 MMB 和 MSL 的丰度通常高于 MBT 的丰度。甲基辅酶 M 还原酶 alpha 亚基(mrcA)基因在玄武湖和太湖沉积物中都有分布，但是在玄武湖垂向沉积物的 0~3 cm 处和太湖垂向沉积物的 0~6 cm 处该基因低于检出限。通过基因文库构建技术克隆了 2 个 mrcA 基因，与 Genbank 中已有基因具有很高的相似性。

拟合估算太湖甲烷释放量为 2.28 万吨/年，太湖流域主要湖泊甲烷释放量为 2.64 万吨/年，江苏省主要湖泊甲烷量释放为 5.52 万吨/年，江苏省淡水水域甲烷释放量为 16.3 万吨/年；太湖甲烷年释放量占目前已普查全省甲烷释放量的 1.8%，占全省主要湖泊甲烷年释放量的 4.3%，占全省淡水水域甲烷释放量的 12.75%。太湖生态清淤工程对清淤区域空气甲烷浓度的影响显著，清淤区域比未清淤区域空气甲烷浓度均值削减了 23.3%。近五年来太湖流域生态清淤工程从流域湖泊、河道水体中削减甲烷含量约 157.36 万吨，约为全省 2010 年甲烷释放量的 123%；其中太湖湖体生态清淤工程削减甲烷含量约 52.2 万吨，对削减流域水体内源甲烷含量，减少江苏省温室气体排放贡献显著。

本书对将江苏省湖泊水体甲烷释放纳入 IPCC 温室气体排放清单，核算生态清淤工程对水体内源甲烷含量的削减贡献，引入温室气体减排交易资金，具有前瞻性意义。

目录

第一章 绪论 ········· 001
1.1 大气中甲烷的主要来源 ········· 003
1.2 产甲烷菌的一般特征与生存环境 ········· 004
1.3 甲烷菌的主要类型与产甲烷机制 ········· 005
1.3.1 基于温度的甲烷菌分类 ········· 005
1.3.2 基于系统发育的甲烷菌分类及特点 ········· 005
1.3.3 产甲烷菌的产生机理 ········· 007
1.4 沉积物环境甲烷的产生释放特征及检测技术 ········· 010
1.4.1 海洋水体甲烷产生及释放机制 ········· 010
1.4.2 淡水水体甲烷产生及释放特征 ········· 012
1.4.3 水体中甲烷产生及释放影响因素研究 ········· 013
1.4.4 自然释放的甲烷采集和分析技术 ········· 015
1.5 本研究的目的与内容 ········· 018
1.6 本研究技术路线 ········· 019

第二章 湖泊水-气界面甲烷通量和水体甲烷含量与水质水文特征分析 ········· 021
2.1 引言 ········· 023

2.2 材料与方法 ········· 024
2.2.1 太湖和玄武湖湖面空气中甲烷普查点设置 ········· 024
2.2.2 湖体沉积物样品采集布点 ········· 025
2.2.3 水-气界面样品采集点设置 ········· 026
2.2.4 水体垂直样品采集与分析 ········· 027
2.2.5 上覆水体营养盐含量及理化性质 ········· 027
2.2.6 甲烷气体含量分析方法 ········· 029
2.2.7 统计与分析 ········· 029
2.3 结果与分析 ········· 029
2.3.1 玄武湖和太湖空气中甲烷含量分布特征 ········· 029
2.3.2 水-气界面甲烷释放通量季节变化特征 ········· 031
2.3.3 甲烷气体在水体中垂直方向的分布特征 ········· 033
2.3.4 表层水体理化及营养指标特征 ········· 034
2.3.5 上覆水体内甲烷含量与水质和理化指标间潜在关系分析 ········· 036
2.4 讨论 ········· 038
2.4.1 空气中甲烷含量与水-气界面甲烷通量变化特征 ········· 038
2.4.2 水体中甲烷分布特征 ········· 039
2.4.3 水体中甲烷与水体理化和水质因素间的关系 ········· 040
2.5 本章小结 ········· 042

第三章 沉积物中甲烷含量与其他理化性质关系 ········· 043
3.1 引言 ········· 045
3.2 材料与方法 ········· 046
3.2.1 湖泊沉积物样品采集 ········· 046
3.2.2 甲烷气体采集与分析 ········· 046
3.2.3 沉积物理化性质 ········· 047
3.2.4 表层沉积物间隙水理化性质与营养物质含量 ········· 047

3.2.5 数据处理 ··· 047
3.3 结果与分析 ··· 047
3.3.1 玄武湖表层沉积物甲烷含量特征及理化性质变化特征 ··· 047
3.3.2 太湖表层沉积物甲烷含量特征及理化性质变化特征 ····· 049
3.3.3 玄武湖沉积物间隙水水质情况 ································· 051
3.3.4 太湖沉积物间隙水水质情况 ···································· 052
3.3.5 玄武湖垂直沉积物中甲烷含量和理化性质变化特征 ··· 054
3.3.6 太湖垂直沉积物中甲烷含量和理化性质变化特征 ······ 054
3.3.7 甲烷含量与表层沉积物理化指标间的潜在关系分析 ··· 056
3.3.8 甲烷含量与间隙水理化指标间的潜在关系分析 ········· 057
3.3.9 甲烷含量与垂向沉积物理化指标间的潜在关系分析 ··· 057
3.4 讨论 ··· 060
3.4.1 表层沉积物甲烷含量及其与沉积物的营养物质关系 ··· 060
3.4.2 表层沉积物中甲烷含量与间隙水中其他指标间的潜在关系
 ··· 062
3.4.3 垂向沉积物中甲烷含量与沉积物中其他指标间的潜在关系
 ··· 063
3.5 本章小结 ·· 065

第四章 沉积物中酶活性及细菌的垂向分布特征 ······················· 067
4.1 引言 ··· 069
4.2 材料与方法 ··· 069
4.2.1 沉积物取样点 ··· 069
4.2.2 沉积物中代谢相关酶类物质的活性变化特征 ············ 070
4.2.3 沉积物的处理及DNA提取与纯化 ·························· 072
4.2.4 实时定量PCR条件优化与分析 ······························· 073
4.2.5 甲基辅酶M还原酶alpha亚基（McrA）的克隆及进化树分析 ··· 074

4.2.6　数据处理 ··· 075
　4.3　结果与分析 ··· 076
　　4.3.1　沉积物中相关酶活性变化规律 ······································· 076
　　4.3.2　实时定量 PCR 效果分析 ··· 078
　　4.3.3　沉积物中细菌和古细菌的垂直变化规律 ·························· 079
　　4.3.4　不同甲烷类型的分布规律 ··· 081
　　4.3.5　mcrA 分布特征与基因片段的进化分析 ··························· 083
　4.4　讨论 ·· 084
　　4.4.1　沉积物中代表性酶变化规律 ·· 084
　　4.4.2　沉积物中细菌与古细菌的垂向分布规律 ·························· 086
　　4.4.3　沉积物中产甲烷古细菌的垂向分布规律 ·························· 087
　　4.4.4　甲烷基因的变化规律 ·· 088
　4.5　本章小结 ··· 089

第五章　生态清淤工程对太湖流域水体甲烷释放的影响 ··················· 091
　5.1　引言 ·· 093
　5.2　评估内容与方法 ··· 093
　5.3　结果 ·· 094
　　5.3.1　太湖及江苏省淡水水域甲烷年释放量估算 ······················· 094
　　5.3.2　生态清淤工程对清淤区域甲烷释放浓度的影响 ················ 098
　　5.3.3　生态清淤工程对太湖流域水体内源甲烷含量的削减 ········· 098
　5.4　讨论 ·· 100
　5.5　本章小结 ··· 101

第六章　结论 ·· 103

参考文献 ·· 107

第一章

绪 论

1.1 大气中甲烷的主要来源

二氧化碳、甲烷和氧化亚氮是重要的温室气体。甲烷是最简单的一种烷烃化合物,然而单位分子甲烷造成的温室效应却比二氧化碳大上 25 倍,随着人类活动的增加,从工业革命前到现在,大气中甲烷的浓度已经增加了约 157% (Borrel et al., 2011)。虽然甲烷作为一种能源,已经得到广泛应用。然而,人类活动增加了甲烷向大气的释放,也加剧了许多负面效应,如温室效应。在过去的 100 年里,甲烷已经成为二氧化碳之后的第二大温室气体。

表 1-1 已知甲烷释放源甲烷释放量及比例 (Liu 和 Whitman, 2008)

	来源	甲烷释放(Tg/年)	百分比(%)
自然来源	湿地	92~237	15~40
	白蚁	20	3
	海洋	10~15	2~3
	甲烷水合物	5~10	1~2
	小计	127~282	21~48
人类活动	反刍动物	80~115	13~19
	能量生产	75~110	13~18
	水稻农业	25~100	7~17
	垃圾填埋	35~73	6~12
	生物质燃烧	23~55	4~9
	污水处理	14~25	2~4
	小计	252~478	45~79
总计		379~760	

目前,甲烷释放量为每年 500~600 Tg (Conrad, 2009)。如表 1-1 所示,其来源与自然释放和人类活动有关。自然来源约占总体释放的 21%~48%,而人类活动影响则占 45%~79%。人类活动影响包括水稻农业、养殖业、生物质燃烧及污水处理等;自然释放源包括湿地、白蚁、海洋和甲烷水合物等。事实上,随着人类活动的增强,自然来源的气体释放也逐步增多。如:人类活动引起的水体富营养化、沉积物中有机质含量增加,促进了水体厌氧环境面积的增加,

导致产甲烷菌活性增强和甲烷的释放。

生物过程产生的甲烷在全球碳循环中占有重要比例,每年生物甲烷的产生量约占由全球植物和藻类所产生的固定的总碳量的 1.6%(Hedderich and Whitman,2006)。这些生物过程主要是由产甲烷微生物参与,源于微生物活动的甲烷约占大气甲烷浓度的 69%。产甲烷微生物主要由一些严格厌氧的代谢群体——产甲烷菌组成。产甲烷菌属于古细菌,广泛分布于淡水湖泊系统中缺氧的水体和沉积物中,水体中甲烷生成量占总矿化碳源的 10%～50%(Bastviken et al.,2008)。

1.2 产甲烷菌的一般特征与生存环境

产甲烷菌在生物界中属于原核生物中的古细菌,但它们与所有的好氧菌、厌氧菌和兼性厌氧菌相比有许多极其不同的特征。产甲烷菌是一些形态极不相同,而生理功能又惊人地相似的产生甲烷的细菌的总称(张国政,1990)。尽管产甲烷菌种属之间有较大的差异,但它们还是存在一些共同的生理特征:①细胞壁结构。产甲烷菌的细胞壁由蛋白质、糖蛋白或假胞壁酸构成,而不是肽聚糖和胞壁酸,其细胞膜含有特殊脂类(郝鲜俊 等,2007)。②甲烷的生物合成和氮素的固定是产甲烷菌独特的代谢过程。迄今发现的甲烷生物合成有三种不同的途径:以乙酸为原料;以氢、二氧化碳为原料;以甲基化合物为原料(Borrel et al.,2011)。③产甲烷菌生长特别缓慢,在人工培育下,需要十几天甚至几十天才能长出菌落,在自然条件下甚至要更久。其原因主要是可利用的底物很少,只能利用简单的物质如二氧化碳、氢、甲酸、乙酸等(Blaut,1994;Chan et al.,2005;Schulz and Conrad,1995;Schwarz et al.,2008)。④甲烷菌体内至少有 7 种辅酶因子,辅酶 M、辅酶 F420、F430、F842、B 因子、CDR 因子和运动甲烷杆菌因子,是其他原核生物和真核生物中不存在的物质(Alex et al.,1990;Blaut,1994;Farber et al.,1991;Kobelt et al.,1987;Reeve and Beckler,1990)。⑤近年来对甲烷菌的 DNA 结构分析测定表明,甲烷菌的核酸链比其他细菌的核酸链短得多,结构也简单得多。根据翻译和转录相关蛋白的进化分析发现可以将甲烷菌分成两组(Bapteste et al.，2005)。⑥对环境的适应性方面，产甲烷菌生活在各种厌氧环境中，甚至是某些极端环境中，其体内存在各种机制调节自身以适应环境，这种适应性是长期进化的结果(Liu and Whitman，2008)。

1.3 甲烷菌的主要类型与产甲烷机制

1.3.1 基于温度的甲烷菌分类

根据最适生长温度的不同，可以将产甲烷菌分为嗜冷(低于 25℃)、嗜温(35℃左右)、嗜热(55℃左右)和极端嗜热(高于 80℃)4 个类群(李美群 等，2009)。①嗜冷产甲烷菌：指能够在寒冷(0~10℃)条件下生长，且最适生长温度在低温范围下(25℃以下)的微生物，可分为专性嗜冷微生物和兼性嗜冷微生物(Cavicchiolj，2006；Nozhevnikova et al.，2001；Simankova et al.，2003)。②嗜温和嗜热产甲烷菌：嗜温和嗜热产甲烷菌的最适温度分别为 35℃和 55℃，生长的温度范围为 25~80℃。近年来各国研究人员已从厌氧消化器、淡水沉积物、海底沉积物、热泉、高温油藏等厌氧环境中分离出多株嗜热产甲烷杆菌(Zeikus et al.，1997；Wasserfallen et al.，2000)。③极端嗜热产甲烷菌：极端嗜热产甲烷菌的最适温度高于 80℃，能够在高温条件下生存，低温对其有抑制作用，甚至致死(Fiala and Stetter，1986)。

1.3.2 基于系统发育的甲烷菌分类及特点

到目前为止，从系统发育来看，产甲烷古菌分为 5 个目，有 10 科、31 属、逾 200 种，这 5 个目分别为甲烷杆菌目(Methanobacteriales，MBT)、甲烷球菌目(Methanococcales，MCC)、甲烷八叠球菌目(Methanosarcinales，MSL)、甲烷微菌目(Methanomicrobiales，MMB)和甲烷火菌目(Methanopyrales)(Liu and Whitman，2008)。根据基因组上基因的顺序分析甲烷菌的古细菌关系，发现 Methanosarcinales 和 Methanobacteriales 在一组，而 Methanococcales 和

Methanopyrales 在一组(Luo et al., 2009)。

甲烷杆菌目:甲烷杆菌目通常利用 CO_2 作为电子受体,H_2 作为电子供体来产生甲烷。有些种类还能利用甲酸盐、CO 或者仲醇作为电子供体。它们广泛分布在海洋和淡水沉积物、土壤、动物菌群大肠、厌氧污水消化器和地热的栖息地等厌氧环境中。甲烷杆菌目有两个科:甲烷杆菌科和甲烷热菌科。

甲烷球菌目:甲烷球菌目的成员利用 CO_2 作为电子接收体,利用 H_2、甲酸盐作为电子供体来产生甲烷。它们能够通过鞭毛进行运动,生存温度可从温和变化至炙热。它们只能生存在海洋环境中,需要海盐来满足生长需求。根据它们生长环境的区别,甲烷球菌目被分成两个科。其中,甲烷暖球菌科包含两个嗜热属:甲烷暖球菌属和甲烷炎菌属。甲烷球菌科包括一个嗜温属即甲烷球菌属,和一个极度嗜热属即甲烷热球菌属。

甲烷微菌目:甲烷微菌目的成员主要利用 CO_2 作为电子受体、H_2 作为电子供体。大多数能够利用甲酸盐,也有一些能利用仲醇作为电子供体。运动随种类变化而表现出差异。它们广泛分布在厌氧环境中,包括海洋和湖泊底泥、厌氧污泥净化器、动物的胃和肠道。甲烷微菌目被分成三个科,分别为甲烷微菌科、甲烷螺菌科和甲烷粒菌科。其中,甲烷螺菌科不同于其他两个科,表现在其细胞为弯曲的棒状形态。甲烷微菌科和甲烷粒菌科则难以通过生理学上的特征进行区分。

甲烷八叠球菌目:甲烷八叠球菌目具有广泛的基质,遍布在产烷生物中。大多数通过使甲基比例失调或分裂乙醇的方式来产生甲烷,一些种类在 H_2 条件下能还原 CO_2,但甲酸盐不能够作为电子供体。该目所有细胞都是静止不动的,它们广泛分布在海洋和湖泊底泥、厌氧污泥净化器、动物胃和肠道中。甲烷八叠球菌目被分成两个科——甲烷鬃菌科和甲烷八叠球菌科。甲烷八叠球菌科的成员均能利用甲基(包括化合物)进行生长。甲烷鬃菌科只有一个属即甲烷鬃菌属,所有的细胞能够通过分裂乙醇来产生甲烷。

甲烷火菌目:该目只有一个属,甲烷火菌属。其细胞利用 H_2 还原 CO_2 产生甲烷,通过两极丛生的鞭毛运动。甲烷火菌属嗜热,生长在海底热泉系统内,在温度范围为 84~110℃时数量随温度升高而有所增长。

1.3.3 产甲烷菌的产生机理

大多数有机基质,例如碳水化合物、长链脂肪酸和醇类,不能作为产甲烷菌的基质。这些化合物必须先被厌氧细菌或真核细菌加工生产出易被产甲烷菌利用的基质。因此,在大多数的产甲烷菌环境中,大部分生长所需的能量被非产甲烷生物利用。虽然产甲烷菌多种多样,但它们只能利用有限的几种基质。这些基质主要被限制为三种形式:二氧化碳、甲基化合物、醋酸盐,如表1-2所示:

表1-2 典型微生物的甲烷生成反应和自由能 (Liu and Whitman, 2008)

Reaction	ΔG (kJ/mol CH_4)	Organisms
Ⅰ. CO_2-type		
$4\ H_2+CO_2 \rightarrow CH_4+2\ H_2O$	135	Most methanogens
$4\ HCOOH \rightarrow CH_4+3\ CO_2+2\ H_2O$	−130	Many hydrogenotrophic methanogens
$CO_2+4\ isopropanol \rightarrow CH_4+4\ acetone+2\ H_2O$	−37	Some hydrogenotrophic methanogens
$4\ CO+2\ H_2O \rightarrow CH_4+3\ CO_2$	−196	Methanothermobacter and Methanosarcina
Ⅱ. Methylated C1 compounds		
$4\ CH_3OH \rightarrow 3\ CH_4+CO_2+2\ H_2O$	−105	Methanosarcina and other methylotrophic methanogen
$CH_3OH+H_2 \rightarrow CH_4+H_2O$	−113	Methanomicrococcus blatticola and Methanosphaera
$2\ (CH_3)_2-S+2\ H_2O \rightarrow 3\ CH_4+CO_2+2\ H_2S$	−49	Some methylotrophic methanolgens
$4\ CH_3-NH_2+2\ H_2O \rightarrow 3\ CH_4+CO_2+4\ NH_3$	−75	Some methylotrophic methanolgens
$2\ (CH_3)_2-NH+2\ H_2O \rightarrow 3\ CH_4+CO_2+2\ NH_3$	−73	Some methylotrophic methanolgens
$4\ (CH_3)_3-N+6\ H_2O \rightarrow 9\ CH_4+3\ CO_2+4\ NH_3$	−74	Some methylotrophic methanolgens
$4\ CH_3NH_3Cl+2\ H_2O \rightarrow 3\ CH_4+CO_2+4\ NH_4Cl$	−74	Some methylotrophic methanolgens
Ⅲ. Acetate		
$CH_3COOH \rightarrow CH_4+CO_2$	−33	Methanosarcina and Methanolsaeta

第一种形式的基质是二氧化碳。大部分产甲烷菌是以氢为营养的,能够将H_2作为初级电子受体以将二氧化碳还原为甲烷。许多氢营养型的产甲烷菌也可以利用甲酸盐作为主要的电子受体,在这种情况下,在一个二氧化碳的原子被还原为甲烷之前,四个甲酸盐的原子被甲酸盐脱氢酶氧化为CO_2。在氢化产甲烷过程中,二氧化碳通过甲酰、亚甲基、甲基水平成功地转化为甲烷。C-1部分被甲基呋喃、四氢甲烷蝶呤好辅酶M被特殊的辅酶携带运输。最初,CO_2捆绑在MFR上被还原为甲酰。在第一个还原阶段,被H_2还原的铁氧化还原蛋白是直接的电子受体。然后甲酰基被传递给H_4MPT,形成甲酰-H_4MPT。甲酰基脱水为亚甲基,接着还原为亚甲基-H_4MPT,然后还原为甲基-H_4MPT。在这两个还原步骤中氢化F420是直接的电子受体。甲基被转化成辅酶M,然后形成甲基辅酶M。最后通过甲基辅酶M还原酶将甲基辅酶M还原成甲烷。其中,甲基辅酶M还原酶在甲烷生成中起关键作用。在还原过程中辅酶B直接给电子体。甲基转换反应由甲基-H_4MPT催化进行,甲基-H_4MPT是HS-辅酶A转移酶,一种膜结合复合体。当H_2出现时,它被耦合到F420 H_2脱氢酶上。CO_2变成甲酰-MFR的还原反应是吸热反应。该反应通过膜结合能量守恒氢化酶进行并受离子梯度驱动(Liu and Whitman,2008)。

一些氢营养产烷生物也能够利用仲醇,比如2-丙醇,2-丁醇和环戊醇,作为给电子体。一小部分可以利用乙醇作为给电子体。在辅酶F420的作用下仲醇可以被氧化成酮,该反应依赖仲醇脱氢酶。在烟酰胺腺嘌呤二核苷酸磷酸(NADP)的作用下乙醇被氧化成醇酸,该反应依赖于乙醇脱氢酶。尽管在乙醇上的反应比在H_2上的弱,但它却是一个重要的特例,从中可以总结出产甲烷生物不能够直接代谢有机化合物的结论。甚至在这种情况下基质能够明显被同化,为不完全氧化反应并且甲烷来源于CO_2的还原。

已经发现有两个物种能利用CO生成甲烷(O'Brien et al.,1984;Daniels et al.,1977)。在甲烷嗜热杆菌属放线菌和巴氏甲烷八叠球菌中,在一个CO_2原子被还原为甲烷之前四个CO原子通过CO脱氢酶被氧化成CO_2(Daniels et al.,1977)。在这个反应中H_2是一个媒介,作为还原CO_2直接的电子受体。CO的增长率很低,放线菌的倍增时间超过200小时,巴氏甲烷八叠球菌的倍增时间为 65 小时。反过来，醋酸甲烷八叠球菌通过一个完全不同的路径，该路径以 CO 为主。

第二种形式的基质是甲基化合物，包括甲醇、含甲醇的胺类（甲胺、二甲胺、三甲胺和四甲基胺）和含甲醇基的硫化物（甲硫醇和二甲硫醚）。能够利用甲基化合物或者甲基营养型生物的产甲烷菌除了属于甲烷杆菌属的甲烷杆菌目之外仅限于甲烷八叠球菌目。在甲烷生成过程中，甲基化合物中的甲基被传递到同源类可啉蛋白质，然后到达甲基-辅酶 A(Burke et al.，1997；Ferguson et al.，2000；Sauer et al.，1997)。甲基-辅酶 A 进入甲烷生成途径，被还原成甲烷。甲基的激活转移需要底物特异性甲基转移酶。在大多数甲基营养型产甲烷菌中，甲基还原成甲烷的过程中需要的电子从额外的甲基氧化成 CO_2 的过程中获得，随着氢营养甲烷生成的逆转，这一过程逐步进行(Hao et al.，2002；Krzycki et al.，2005)。在甲基生成甲烷过程中，每当一个 CO_2 分子形成时三个甲基基团被还原为甲烷。与此生长过程不同的是，对于甲烷球形菌，甲基营养生物的成长是依赖于 H_2 的(Sprenger et al.，2000，2005，2007)。它们是严格的甲烷营养和氢营养型的产甲烷菌，在 H_2 环境下，专门用来还原甲基。甲烷球形菌的新陈代谢仅限于甲醇，但 M. blatticola 能够代谢甲醇和甲胺(Fricke et al.，2006；Miller et al.，1985)。

第三种形式的基质是醋酸盐。醋酸盐是厌氧食物链中的主要中间产物。通过生物作用产生的甲烷，多达三分之二来源于醋酸盐。令人惊奇的是，只有两种菌属已知可以使用醋酸盐来进行甲烷生成：Methanosarcina 和 Methanosaeta。它们能分解醋酸盐、氧化羰基至 CO_2，还原甲基成甲烷。Methanosarcina 的利用物相对广泛，偏向于甲醇和甲胺，而不是醋酸盐。许多物种还能利用 H_2。Methanosaeta 比较专一，只能利用醋酸盐。它能够优先利用醋酸盐，能够利用浓度低至 5~20 μM 的醋酸盐，但是 Methanosarcina 能利用的最低浓度约为 1 mM(Jetten et al.，1992)。醋酸盐的亲和力的差异可能是由于醋酸盐代谢的第一步的差异导致的。Methanosarcina 利用低亲和力的醋酸盐激酶(AK)-转乙酰酶(PTA)系统来激活醋酸基辅酶 A，而 Methanosaeta 利用高亲和力的腺苷磷酸盐(AMP)来形成醋酸基辅酶 A 合成酶(Teh and Zinder，1992；

Smith 和 Ingram-Smith，2007）。此外，基于它们的基因组序列，尽管其产烷途径中的主要步骤相似，但它们具有不同的电子转移和能量守恒模式（Smith and Ingram-Smith，2007）。已有研究表明，M. acetivorans 中基于 CO 的新陈代谢是非常规的，它与 M. barkeri 和 M. thermoautotrophicus 中的 CO 代谢是完全不同的（Lessner et al.，2006；Rother et al.，2004 and 2007）。

1.4 沉积物环境甲烷的产生释放特征及检测技术

产甲烷菌生活在严格厌氧的环境中，是目前已知要求氧化还原电势最低的菌。由于甲烷菌种的一些辅助因子和酶（例如 CO F420，dehydrogenase/acetyl-CoA synthase）对氧气具有很强的敏感性（Ragsdale and Kumar，1996；Schonheit et al.，1981），超过百万分之 10 浓度的氧气就会抑制甲烷的生成。除了温和的居所，它们也可以广泛存在于温度、盐度和 pH 极端的环境中。产甲烷菌的典型生境产甲烷菌广泛存在于各种厌氧环境和极端环境中，目前产甲烷菌的分离培养大多来自以下 3 种生境：①水沉积物、沼泽、苔原、稻田、腐败的树木心材及厌氧污泥消化器；②瘤胃、盲肠和肠；③地热温泉、海洋火山喷口。产甲烷菌有各种不同的形态，最常见的是甲烷杆菌、产甲烷球菌、产甲烷八叠球菌、产甲烷螺菌和产甲烷丝菌等（Liu and Whitman，2008）。目前，关于沉积物系统中甲烷产生的研究取得了一定进展，包括海洋沉积物和淡水沉积物。另外，针对甲烷的取样分析的研究范围及手段也取得了较大进展。

1.4.1 海洋水体甲烷产生及释放机制

在海洋生境中甲烷生成是一个重要的过程，每年有 75~320 Tg 甲烷生成，但几乎所有的甲烷都厌氧氧化成为 CO_2，而不是逸散到大气中（Valentine，2002）。广泛存在于海水下 20~30 mm 的硫酸盐，是一种重要的控制海洋产甲烷生物分类的物质（Capone and Kiene，1988）。硫酸盐含量丰富的海底沉积物中硫酸盐转化菌在对 H_2 和醋酸盐的竞争中战胜产甲烷菌。例如，在 Cape Lookout Bight（北卡罗来纳）富含硫酸盐的沉积物中 H_2 主要被硫酸盐转化菌利用,保持分压在 0.1～0.3 Pa,低于能被氢营养产甲烷菌科利用的最低值(Hoehler et al.,1998,2001)。因此在较高层的沉积物或硫酸盐还原区域,甲烷生成有限,对总碳通量的贡献不足 0.1%(Capone and Kiene,1988)。在有机物质输入较高的沉积物中,硫酸盐可深度耗竭,产甲烷菌成为厌氧食物链中重要的终极阶段。基于对碳同位素和稳定氢同位素的研究,H_2 对 CO_2 的还原作用是深层海洋沉积物中一个重要的产甲烷来源(Whiticar et al.,1986,1999;Parkes et al.,2007)。产甲烷区域通常在硫酸盐还原区域之下,溶解的重碳酸盐石油层由较高层沉积物中含碳化合物的氧化来补充,能达到 100 mM 以上的浓度(Whiticar,1999)。海底沉积物中的 CO_2 还原甲烷菌包含甲烷球菌目、甲烷微菌目和甲烷杆菌目及种内的部分(Newberry et al.,2004;Kendall and Boone,2006;Kendall et al.,2007)。它们严格从 CO_2 还原和 H_2 或甲酸盐的氧化中获取能量。此外,在特定环境下,能从各种深度的沉积物中检测到属于甲烷微菌目的氢营养型产甲烷菌。这些产甲烷菌很可能通过 H_2 生产者的营养增长来获得能量(Kendall et al.,2006)。

甲基营养产甲烷菌是富含硫酸盐沉积物中有限的甲烷生产的主要贡献者。确定的生物体包括甲烷微菌、甲烷八叠球菌和甲烷叶菌属中的成员(Kendall and Boone,2006;Kendall et al.,2007;Lyimo et al.,2000)。在海洋沉积物中甲基化合物产生于海洋细菌、藻类、浮游生物和一些植物的可利用的代谢小分子。例如,分别从二甲硫丙酸盐和三甲胺乙内酯氨基己酸中得来的二甲基硫和三甲胺。这些化合物不能被硫酸盐还原细菌有效利用,被称为非竞争性基质(Oremland and Polcin,1982)。因为相当一部分这类基质的存在,如甲烷球菌目中专性的甲基营养产甲烷菌,能在这些沉积物的各种深度内培育(Kendall and Boone,2006)。

对大多数海洋沉积物中的产甲烷菌而言,醋酸盐是很小的一部分基质。只有一部分属于甲烷八叠球菌的乙酸分解产甲烷菌被分离(Elberson and Sowers,1997;Sowers et al.,1984;Von Klein et al.,2002)。可被甲烷八叠球菌利用的最小乙酸浓度只有 1 mM(Zinder,1993)。然而,海洋沉积物中气孔水乙酸浓度通常低于 20 μM(Kendall et al.,2007)。因此,在环境条件下已被分离出的乙酸营养型产甲烷菌也利用甲基化合物生产甲烷。通过标记同位素,在硫酸盐氧化沉积物中,乙酸通过乙酸分解反应氧化为 CO_2 的速率超过 CH_4 的产生率(Parkes et al.,2007)。因此,在这些沉积物中,乙酸主要被乙酸氧化菌代谢,如硫酸盐还原菌。

1.4.2 淡水水体甲烷产生及释放特征

淡水沉积物中的硫酸盐浓度($100\sim200~\mu M$)比海水中的小(Capone 和 Kiene,1988),因此淡水沉积物中的甲烷生成在缺氧环境下不受限制,并取代硫酸盐还原反应,成为有机物质的厌氧降解中最重要的终极反应。由于缺少还原硫酸盐型细菌的竞争力,醋酸盐的汇聚为甲烷生成提供了可能,它是占主导作用的基质。在大多数已研究的淡水沉积物中,醋酸盐营养型和氢营养型甲烷生成在 CH_4 的产生过程中分别承担了 70% 和 30% 的贡献(Whiticar,1999;Conrad,1999)。在甲烷生成过程中,醋酸盐和 H_2/CO_2 的相对贡献率与理论预期的结果接近。已糖发酵产生 4 个 H_2、2 个醋酸盐和 2 个 CO_2。此外,4 个 H_2 被用来还原 CO_2 至甲烷。因此,H_2 还原 CO_2 得到的甲烷与醋酸盐的预期比例是1∶2。由甲基化合物进行的甲烷生成过程是次要的,反映了淡水沉积物中缺乏这些基质。产烷生物群体通常由醋酸盐营养型的甲烷八叠球菌科和氢营养型的甲烷微菌科和甲烷杆菌科支配。甲烷鬃菌科可能也会存在,它们可能利用 H_2/CO_2 或醋酸盐(Chan et al.,2005;Glissman et al.,2004;Chan et al.,2002;Briee et al.,2007;Macgregor et al.,1997)。

目前研究已经发现了一些影响醋酸盐型和氢营养型甲烷生成的相对贡献率的因素,以及淡水沉积物中不同类型产烷生物的相对丰富度。第一,在低 pH 环境下,氢营养型甲烷生成会减少(Phelps 和 Zeikus,1984)。比如,在 Knaack 湖的沉积物中(pH 为 6.8),只有 4% 的甲烷来自 H_2/CO_2。在 Grosse Fuchskuhle 湖中(pH<5),只有属于甲烷鬃菌科的醋酸盐营养型产烷生物能被检测到。低 pH 环境对耗氢产乙酸菌是一个可选择的有利条件,将 CO_2 还原至醋酸盐而不是甲烷,这就限制了氢营养型甲烷生成。第二,随温度变化,氢营养型甲烷生成的贡献率下降(Schulz 和 Conrad,1996;Conrad et al.,1989;

Schulz et al.，1997),尽管醋酸盐型甲烷生成的单独的贡献率也在下降。类似这样的温度影响也在水稻田中出现(Chin et al.，1999)。这种影响也能解释为什么耗氢产乙酸菌能够很好地适应低温。再者,由于异养型细菌所产生的 H_2 产物减少及低温环境,都比较不利于由 H_2 引发的甲烷产生。因此,基质不足会导致氢营养型甲烷产生在低温下不易发生(Schulz 和 Conrad,1996;Conrad et al.，1989)。第三,在一些情况下,氢营养型甲烷产生的相对贡献率会随深度的变化而变化。在 Dagow 湖的沉积物中,沉积物厚度从 0 到 18 cm 变化过程中,氢营养型甲烷生成的相对贡献率相应地从 22% 变化至 38%。碰巧的是,甲烷微菌目的相对丰富度随厚度增加而略有增加,而甲烷八叠球菌科的丰富度则随之下降。相反地,Rotsee 湖的沉积物中,氢营养型的甲烷生成只能在沉积物表层 2 cm 以上被发现(Falz et al.，1999)。这种情况下,氢营养型产甲烷菌可能作为纤毛虫共同体存在。第四,其他 H_2 和醋酸盐型消耗体的丰富度大大影响着产甲烷菌群体(Schulz 和 Conrad,1996;Bak 和 Pfennig,1991)。在 Constance 湖的沉积物中,如果存在消耗 H_2/还原硫酸盐的细菌以及不存在消耗醋酸盐/还原硫酸盐的细胞,并且在低温条件下(4℃),则通过醋酸盐型甲烷生成最后能产生 100% 的 CH_4 产物。在 Kinneret 湖的沉积物中,通过醋酸盐氧化剂,甲烷只能够由氢营养型甲烷菌(甲烷微菌科和甲烷杆菌科)产生(Nusslein et al.，2001)。

1.4.3 水体中甲烷产生及释放影响因素研究

湿地系统是大气甲烷的主要释放源。沉积物是甲烷产生的主要场所,沉积物中甲烷的产生及进入大气过程前受多种因素影响。这些因素包括有机质含量、溶解氧、微量营养物质含量、氧化还原状态、水生植物和微生物群落结构等。目前关于甲烷生成和水-气界面交换通量及甲烷的氧化的研究取得了一定的进展,主要包括甲烷的产生、水体分布、氧化和释放等内容。

甲烷的产生过程由复杂的微生物群体调控,且受多种影响因素,如含氧量、氧化物和可利用有机物质的影响(Biderre-Petit et al.，2011;Murase 和 Sugimoto，2001)。研究发现 13~82 mμ mol CH_4 m^{-2} h^{-1} 在沉积物表层 30 cm 处释放;大量的甲烷主要在20~30 cm深的沉积物中生成。表层沉积物中甲烷的含量变化与硫酸盐含量有关,甲烷在表层沉积物的好氧氧化消耗量大多高于甲烷的释放通量。而在深层沉积物中甲烷的生成形成分层现象,随着浓度的增加而增加(Schmaljohann,1996)。甲烷浓度及甲烷的释放在碳酸盐的湖泊,通常是浅水湖具有最大面积水浓度。均温层中甲烷的浓度与氧气和营养物质浓度有关,与湖泊和湖面积也有关系。靠近湖底的甲烷浓度被视作湖库状态的指标,如营养水平和缺氧频次(Juutinen et al.,2009)。Xie 等人(2005)发现甲烷的释放与水体净生产量和温度呈正相关,而与溶解性有机碳没有显著关系,表明富营养化湖泊中浮游生物而不是外来物质影响水-气界面碳通量。湿地沉积物中甲烷释放与有机质含量、土壤温度、水文周期和植被发育有关(Sha et al.,2011)。沉积物中有机碳的存在和浮游生物的增多导致水体缺氧,也可能导致碳的积累。城市化导致城市湖泊中甲烷浓度增加,使得城市湖泊中甲烷的含量约大于郊区湖泊100倍(Bellido et al.,2011)。

营养物质含量变化影响甲烷的生成和释放。已有研究结果显示春季和夏季甲烷的产量与磷、氮和铁的相关度较高 (Ojala et al.,2003),而磷限制性湖泊中发现铁的供给有利于增加甲烷的产量。另外,磷限制性湖泊中,也可能有氮限制、铁限制因素存在(Vrede 和 Tranvik,2006)。Fe、Ni、Mo 等金属元素是影响甲烷菌产生的重要元素,其含量和可利用量影响甲烷的产生(Boyd et al.,2011)。Leonardo 等人(2012)对3个浅水中度富营养化湖泊边缘垂直沉积物进行了分析,研究外来物质输入对沉积物中甲烷浓度、有机质含量、总碳、总氮和总磷的影响。外源物质的输入增强了富营养化湖泊的生产力。他们发现表层沉积物中有较高含量的有机质、总碳、总氮和总磷。外源有机质的累积促进了沉积物的垂向特征,有助于沉积物甲烷浓度的增加。

甲烷在深水湖泊出现分层现象。Bellido 等人(2011)的研究结果显示 TN、TP、Fe 的含量在表层低于底层;水体表层中甲烷和二氧化碳的含量比底层低,表层中含量在 $0.01 \sim 0.46$ μM 范围内(平均 0.12 μM),而在底部则为 $0.02 \sim 311$ μM(平均 14.5 μM)。底层是表层甲烷含量的121倍;甲烷浓度最高的时候是在9月初,在10~20 m 水深处甲烷的含量在 $19.0 \sim 33$ μM(Bellido et al.,2011)。

水-气界面甲烷交换通量与多种因素相关。研究表明水流对甲烷的扩散有影响(Kankaala et al.,2004;Bellido et al.,2009;Ojala et al.,2011)。甲烷通量与悬浮沉积物有关,比如表层沉积物常常会被外界因素(水流和风生流)影响形成沉积物再悬浮,导致还原性物质、营养成分和大部分的甲烷释放到水体中。已有研究表明夏季和冬季条件下沉积物的再悬浮导致甲烷浓度大量增加(Bussmann,2005)。Henri 等人(2011)发现湖泊生态系统中甲烷的释放受水文、土壤质量和植被类型影响。甲烷氧化的分化和波动的空间异质性高度依赖于水位变化。他们暗示湖泊调控和气候引起的水位变化将会影响甲烷氧化基因的丰度、活性和多样性,以及甲烷的释放。Bergströma 等人(2007)对芬兰 619 个湖泊中植物对甲烷释放的影响进行了研究,发现挺水植物对甲烷释放的影响比浮叶植物的大,挺水植物 P. australis 和 E. fluviatile 种植区是甲烷的重要释放区。甲烷的释放与温度和季节变化相关。Bellido 等人(2011)发现 8 月末时甲烷的释放量最大,秋季峰值时期释放的甲烷量占年度甲烷释放量的 22%。

甲烷的氧化与水体理化性质和生物等都有关系。沉积物或水体的厌氧环境中,一些硫酸盐还原菌、铁还原细菌和反硝化细菌进行厌氧呼吸相关的电子受体(如 SO_4^{2-},Fe^{3+},NO_2^-,NO_3^-)也是影响甲烷菌分布的重要因素,因为它们能够抑制产甲烷菌对氢气和二氧化碳的吸收(Achtnich et al.,1995;Lovley 和 Phillips,1987;Winfrey and Zeikus,1977)。水体中甲烷的氧化程度与水体中甲烷的浓度呈现正相关。Bellido 等人(2011)的研究表明:从沉积物中释放的甲烷在进入空气中时被氧化了约 83%,即仅有 17%的甲烷气体被释放进入了大气。

1.4.4 自然释放的甲烷采集和分析技术

在目前全球大气中二氧化碳和甲烷等温室气体浓度升高,导致全球气候变暖的背景下,温室气体的源汇及其在生态系统中的循环流动成为国际关注焦点,而湖库等的温室气体排放也已经成为研究的热点。湖库产生的温室气体主要包括二氧化碳和甲烷,是水体中自身或陆源的有机质在水中微生物的分解作用下生成的,所产生的二氧化碳和甲烷在水体中经过扩散、运移、消耗等过程后,最终通过水-气界面排向大气。因此,分析湖库产生的温室气体变化规律是了解和调控湖库温室气体排放的重要依据。然而,与农业生态系统相比较,湖库中的气体通常从水体底泥中释放出来,对气的收集和监测相对比较麻烦,受多重因素的影响,如水流、风以及水生生物等。目前流行的方法主要包括以下几种:静态箱法、梯度法、倒置漏斗法、TDLAS法以及涡度相关法等(赵炎等,2011)。

1) 静态箱法:静态箱法是一种原理简单、操作方便的水气界面气体通量观测方法。它通过在水体表面放置一个顶部密封的箱体,箱体底部中通,收集表层水体以扩散方式排放的二氧化碳和甲烷等待测气体,每隔一段时间测量箱体中待测气体的浓度,根据浓度随时间的变化率来计算被覆盖水域待测气体的排放通量(Duchemin et al.,1999;Matthews et al.,2003)。

$$F = S \times F_1 \times F_2 \times V/A \tag{1-1}$$

式中,F 为待测气体通量,$mg/(m^2 \cdot d)$;S 为由观测时间段内不同时刻的气体浓度进行回归分析得到的曲线斜率,表示待测气体浓度随时间的变化速率,$10^{-6}/s$;V 为静态箱水面以上部分体积,m^3;A 为静态箱覆盖水面面积,m^2;F_1、F_2 为转换系数。

静态箱法由于成本低、方便拆卸与携带,便于与在线分析仪器连接实现实时监测,得到广泛应用,但该方法也存在明显的缺点:箱体没有统一的设计标准,不同规格以及箱体内不同的气体混合方式可能导致观测结果的偏差(Pumpanen et al.,2004)。静态箱法只适用于对静态水体的观测。此外,静态箱法不能观测通过气泡方式排放的气体(Huttunen et al.,2002)。

2) 梯度法:水气界面的二氧化碳和甲烷扩散通量取决于水体与大气中对应气体的浓度以及气体的交换系数,梯度法正是基于这一原理,通过同时测量表层水和大气中的温室气体浓度,计算两者的浓度差,再根据气体交换系数,计算通量(Guérin et al.,2007)。梯度法可用下式表示(Trembly et al.,2005):

$$F = k(C_w - C_a) \tag{1-2}$$

式中,C_w 为水体表层溶解的气体浓度,$\mu mol \cdot L^{-1}$;C_a 为大气中对应气体的浓度;k 为气体交换系数,$cm \cdot h^{-1}$,与表层水体的湍流状况有关。

梯度法通过不同的气体浓度分析方法,可以实现对任何水生态系统表层水体和大气温室气体浓度的连续监测(Raymond 和 Cole，2001)，因而可用于水库水-气界面气体通量的时间序列观测，是水-气界面气体通量观测的常用方法(Soumis et al.，2004；Frankignoulle et al.，1998)。Roehm 等(2006)对加拿大魁北克地区两个水库中溶解二氧化碳的浓度进行了月度观测，利用梯度方程计算了两个水库的二氧化碳通量，结果表明在观测期内两个水库一直为大气二氧化碳的源。

3) 倒置漏斗法：倒置漏斗法(invert funnel)是对通过冒泡方式排放的温室气体进行采集和分析的观测方法(Bastviken et al.，2004)。它是以倒置的漏斗连接气体收集装置，将装置置于水体表层以下一定高度处，收集水下产生的气泡，通过分析气体收集装置中气体的浓度，估算通过冒泡方式排放的气体通量。由于甲烷在水中的溶解度较小，在水库一定深度范围内，冒泡是其主要排放方式，因此，倒置漏斗法主要用于对甲烷冒泡排放量的观测。倒置漏斗法计算冒泡排放通量的公式为

$$F = CV/(AT) \tag{1-3}$$

式中，F 为待测气体冒泡排放通量，$mg/(m^2 \cdot d)$；C 为待测气体浓度，mg/m^3；T 为观测时段长度，d。

倒置漏斗法可以对观测点上通过气泡排放的气体通量进行监测，其局限性在于定点观测无法实现区域连续监测，且由于冒泡排放存在很强的时间和空间变异特征，倒置漏斗无法全面捕捉其排放信息(Ostrovsky et al.，2008)。

4) 基于 TDLAS 的监测技术：可调谐二极管激光吸收光谱(TDLAS)技术是利用二极管激光器波长调谐特性，获得被测气体在特征吸收光谱范围内的吸收光谱，从而实现对气体进行定性或定量监测和分析。该方法具有精度高、响应迅速、可实现对大区域内多种气体同时观测的特性，在工业气体检测以及甲烷等大气痕量气体监测中得到广泛应用(董凤忠 等，2005；阚瑞峰 等，2005；汪世美 等，2006)。

5) 涡度相关法：涡度相关法是目前直接测定大气与群落间二氧化碳交换通量的主要方法，也是国际上二氧化碳和水热通量测定的最常用方法，涡度相关法通过测定大气中湍流运动所产生的风速脉动与物理量脉动，直接计算物质

的通量(王跃思和王迎红,2008;于贵瑞和孙晓敏,2006)。采用涡度相关法可以获得相比静态箱法更大区域内的温室气体排放通量,并且可以实现长时间的无人值守连续观测,但同时涡度相关法也存在成本高、技术复杂、对环境要求较高等问题,目前,该方法主要应用于陆地生态系统的碳通量研究(Baldocchi,2003; Braswell et al., 2004; Grace et al., 1996)。

1.5 本研究的目的与内容

研究表明湖泊是温室 CH_4 的来源之一,特别是在浅水型富营养化湖泊中 CH_4 的产生具有更加有利的条件。长江三角区湖泊众多,有城市类型湖泊如玄武湖,也有流域内自然湖泊如太湖、滆湖、长荡湖等。这些湖泊处于经济发达、人口产业密集的长三角区域,大部分属于浅水湖泊,富营养化程度较高,围网养殖曾经面广量大,湖体底泥淤积严重,蓝藻暴发和湖泛现象时有出现。近年来为改善太湖流域水环境质量,江苏省政府实施了一系列环境治理工程,其中生态清淤工程作为一项重要的工程手段,已经持续大范围地在太湖流域开展了多年。太湖和玄武湖是流域湖泊和城市湖泊的典型代表,也是城市水环境治理和流域水环境治理的重点,在当前全球对温室气体排放日益重视的情况下,研究太湖流域经济发达圈湖泊水域底泥中 CH_4 的产生、分布和释放的规律,估算主要湖泊底泥层温室气体储量及释放量,对于了解太湖流域温室气体来源以及评估太湖流域清淤工程对削减温室气体的作用具有重要的意义。

本研究的主要内容包括:

1. 选取代表性点位,获取太湖和玄武湖空气、水-气界面及水体中甲烷的含量以及变化特征,分析湖区空气中甲烷的分布规律,探讨水-气界面甲烷释放通量和水体中甲烷含量的特征,剖析甲烷释放和水体甲烷含量变化与水体理化因素等指标间的潜在规律,获取这些因素对甲烷释放的影响信息。

2. 分析玄武湖和太湖沉积物中甲烷含量和重要理化性质(沉积物和间隙水中有机质、氮、磷、pH 和金属营养元素)等指标的水平,探讨甲烷释放和甲烷含量与表层沉积物、间隙水和垂直沉积物中理化指标间的关系,获取影响甲烷含量的因素，为评价沉积物中甲烷释放和含量变化规律及人类活动对其影响提供依据。

3. 分析玄武湖和太湖沉积物中物质转化、微生物活性相关酶变化规律，结合细菌和古细菌的垂向变化规律，探讨这些因素与甲烷产生间的关系；通过实时定量PCR技术分析不同产甲烷菌在垂向沉积物中的含量，探求这些甲烷菌的分布规律；以甲烷合成过程中的关键基因为对象，分析其分布特征，通过DNA测序分析其与已有细菌间的进化关系。

4. 根据已有文献和本研究内容，估算太湖及江苏省水体甲烷年释放量，以太湖为例分析生态清淤工程对太湖水体甲烷释放的影响，初步评估太湖流域治理以来所实施的生态清淤工程对削减水体中内源甲烷含量的作用。

1.6 本研究技术路线

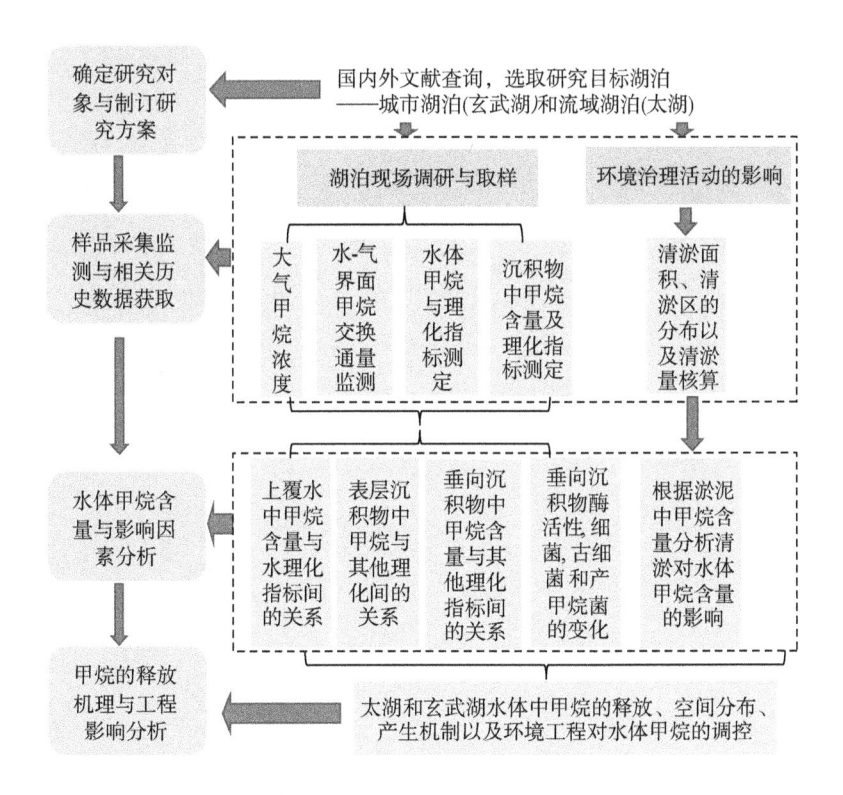

图 1-1 本研究的技术路线图

第二章

湖泊水-气界面甲烷通量和水体甲烷含量与水质水文特征分析

2.1 引言

甲烷气体是重要的温室气体类型之一,其温室效应比二氧化碳大 25 倍 (Borrel et al., 2011)。遗憾的是,目前温室气体的排放在逐年增加,尤其是在过去几十年中,大气甲烷的浓度的增速在 0.8%～1% 之间。目前甲烷的全球浓度为 2.26 mg·m^{-3},比 18 世纪的浓度增加了将近 1 倍。估计全球释放到大气中的甲烷,有一半以上来自水体环境。

水-气界面是甲烷由水体向大气释放的关键步骤,其交换通量是评价水体甲烷的源和汇的重要依据,也是评价水体产甲烷能力的关键数值。因此,要想知道水体甲烷含量释放通量的变化规律,需要进行现场监测,并要了解甲烷在大气、水体中的浓度变化范围,以及水体中甲烷含量与其他因素间的关系。

目前大部分研究都将重心放在稻田、淡水湿地及沼泽的甲烷释放方面,对于自然水体湖泊则少有研究,尤其是关于城市湖泊中碳循环的研究较少(Bellido et al., 2011)。已有的此类研究主要关于城市湖泊 Lake Washington (Quay et al., 1986)和 Lake Donghu (Yang et al., 2008),而关于甲烷释放相关的研究针对的是 Washington 和 Onondaga 湖以及一些在 Minneapolis metropolitan 区域的湖泊等(Addess 和 Effler, 1996;Michmerhuizen et al., 1996)。然而针对生态清淤工程对湖泊水体中甲烷释放影响的研究则更少。

本部分内容以城市湖泊玄武湖和自然湖泊太湖为研究对象,分析两者空气和水体中甲烷含量,水-气界面通量以及水体内甲烷含量与水体理化性质和水质间的潜在关系。

太湖自然环境特点:太湖是我国第三大淡水湖泊,现有水面积 2 338 km^2,位于太湖流域的中心。太湖正常水位下容积为 44.3 亿 m^3,平均水深为 1.89 m,最大水深为 2.6 m,属于浅水型湖泊,多年平均年吞吐水量为 52 亿 m^3,水量交换系数为 1.2,换水周期约为 300 天,是流域的重要供水水源地,目前已形成藻型生境条件。

玄武湖自然环境特点：玄武湖湖岸呈菱形，周长约 10 km，水面约 3.68 km²，水深 1 到 3 m 左右，湖内有 5 个岛，把湖面分成四大片。玄武湖形似火腿，湖泊分成三大块，北湖（东北湖、西北湖）、东南湖及西南湖，北湖水较浅，西南湖水最深，东南湖居中，湖内由湖堤、桥梁和道路连通使玄武湖水系完全处于人工控制之中，玄武湖属于浅水湖泊；南北长 2.4 km，东西宽 2.0 km；湖底质较厚，平均达 70 cm。

2.2 材料与方法

2.2.1 太湖和玄武湖湖面空气中甲烷普查点设置

为了解流域性大型浅水自然湖泊和城市小型浅水湖泊空气中的甲烷含量情况和特征差异，进行设点普查。特别是太湖水域面积达 2 330 多 km²，涉及江苏、浙江两省，湖面宽广，各湖区风向、水质和水下底泥分布量均有较大差异，需在环太湖湖面空气甲烷初步普查监测分析的基础上，结合太湖底泥分布和清淤工程实施的情况，选定重点区域，进行深入的空气、水样、底泥的同步监测分析。

（1）湖面空气甲烷普查采样布点

太湖湖面空气甲烷检测布点。以重点湖区设置和全湖普查为原则，根据太湖底泥主要分布情况、蓝藻湖泛易发情况以及代表性分布等因素，选择以梅梁湾和贡湖湾为主，同时适当兼顾东太湖、竺山湖、宜兴西岸、南部沿岸的点位分布方案，共设太湖甲烷采集检测点位 23 个。具体区域可分为太湖北部区域和东南部区域，其中太湖北部区域包括宜兴沿岸、竺山湖、梅梁湖、贡湖，该区域是太湖蓝藻集聚和湖泛易发区域，也是太湖清淤工程实施的主要地点，因此相对密集地设置了 15 个甲烷监测点位，其中有 8 个测样点位于未清淤区域，7 个点位于已清淤区域；太湖东南部区域包括太湖东部沿岸、东太湖、三山岛、太湖南部沿岸，太湖东南部区域设置的 6 个测样点均处于未清淤区域。另在湖心区和靠近南太湖浙江区域也各设置 1 个点位。

玄武湖湖面空气甲烷检测布点。玄武湖水面面积为 3.68 km²，由于湖面面积较小,按照湖区四个岛的分布特点,总体上均匀布置采样点位5个。

(2) 湖面空气甲烷采样

2010年6月份,对太湖的27个点位和玄武湖5个点位的湖面空气甲烷含量进行了监测取样(图2-1)。气体取样位于水面上方0.5 m处,使用注射器取50 mL气样,放置于气体采集袋中,每个点位采集3个重复样品。

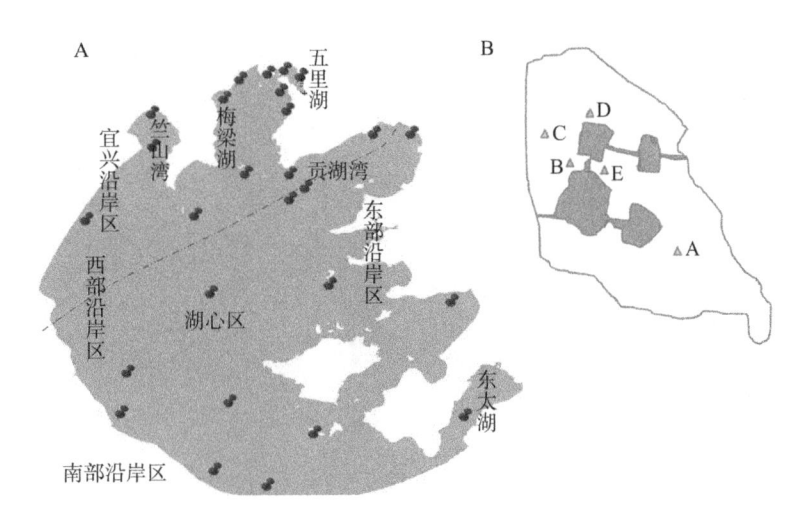

图 2-1　2010年6月太湖(A, 27个位点)和玄武湖(B, ΔA—E)采样布点

2.2.2　湖体沉积物样品采集布点

由于近年来太湖和玄武湖都开展过不同程度的清淤工程,本研究开展前对清淤情况进行了详细了解,根据实际情况对沉积物不小于5 cm的区域进行取样。

太湖底泥采样布点:根据前期普查调研结果选取了7个点位,分别为♯1、♯2、♯3、♯4、♯5、♯6和♯7(图2-2),其中♯2和♯7点位的沉积物深度不小于25 cm。♯1采样点处有5～10 cm厚的沉积物;♯2点位附近有芦苇生长,其沉积物深度在50 cm左右,底质黑色较硬;♯3点位处为无锡水厂附近,沉积物深度在5 cm左右,黑质且含有沙土;♯4、♯5和♯6点位为清淤过的区域,其沉积物深度在5～7 cm间;♯7点位为梅梁湾未清淤区域,沉积物深度至少40 cm,泥色为青黑色。

玄武湖采样布点:以玄武湖为研究对象,选取了五个取样点分别为 ΔA、ΔB、ΔC、ΔD 和 ΔE(图 2-1B),除点 E 外,其余取样点的沉积物厚度都在 20 cm 以上。泥质以青黑色为主。

太湖、玄武湖沉积物的采样方式和样品检测分析见第三章。

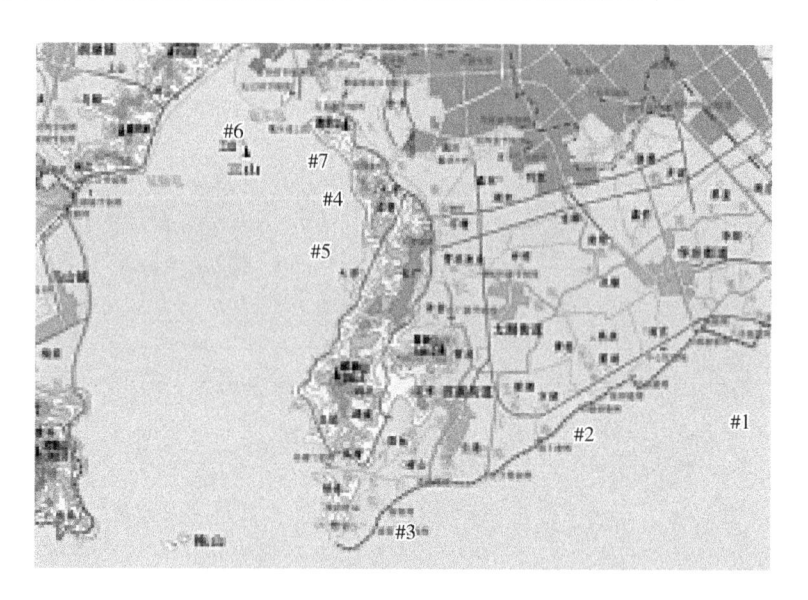

图 2-2　太湖梅梁湾(♯1-3)和贡湖湾(♯4-7)的取样点示意图

2.2.3　水-气界面样品采集点设置

选取无风(或微风)天气,对太湖和玄武湖水体水-气界面甲烷气体释放通量进行布点检测。

太湖:2010 年 6 月和 9 月利用静态箱对太湖 7 个点的水-气界面交换气体进行了一系列取样,取样布点如图 2-2 所示,同时在 9 月份还补充了对太湖 7 个点水面上空 0.5 m 处的空气取样。

玄武湖:为了解甲烷在春、夏、秋、冬四个季节的变化规律,选取了便于检测采样的玄武湖进行季度采样,对 2010 年 6 月、9 月、12 月和 2011 年 3 月玄武湖的 ΔA、ΔB、ΔC、ΔD 和 ΔE 五个点(图 2-1B)的空气中甲烷含量及水-气界面甲烷含量进行采样分析,监测取样点的季节规律。

水-气界面交换气体的采集主要采用静态箱法进行。具体为一个救生圈上加上一只高 25 cm、直径为 50 cm 的桶装装置。装置内有小风扇以及连接外部的取样管、恒压管和电线等装置。取样管内连接有三通装置,每隔 5 分钟取一次样,连续取样 7 次,并迅速检测。

通过监测箱中气体浓度的增加率来计算通量。

$$F = \rho \times H \times \frac{\Delta C}{\Delta t} \times 273/(273+T) \times 10^6 \qquad (2-1)$$

式中,F 为温室气体排放通量,单位为 mg·m^{-2}·h^{-1};ρ 为标准状态下 CH_4 气体的密度,单位为 kg·m^{-3};H 为密闭箱高度,单位为 m;$\Delta C/\Delta t$ 为单位时间密闭箱内 CH_4 气体浓度的变化量。T 为密闭箱内温度,单位为℃。

2.2.4 水体垂直样品采集与分析

为了解不同区域水体中甲烷的含量和垂直分布特点,以 2010 年 9 月太湖梅梁湾的两个取样点即位于♯7 的有沉积物处、位于♯6 的无沉积物处(图 2-2)的水体为对象进行垂直取样。

水样的采集采用小型采水器。水样的采集位置在同一垂直方向上:水面下 0.5 m、沉积物界面上方 0.5 m 处和沉积物界面处(水深为 2 m 左右)。采集的水保存在灭菌的聚乙烯瓶中,并放在冰箱内保存。每个样品至少设置三个重复。

水样的处理:水样带回实验室内后,根据 Jorgensen 等人(2001)的方法将水体中的甲烷提出。主要包括以下步骤:1)首先将清洁好的 200 mL 采样瓶轻轻放入采集器内,待水充满采样瓶,装水过程要避免产生较大的扰动和产生气泡;2)添加 1 mL 的 1‰氯化汞溶液(主要用于抑制生物的作用),并将装满水的样品瓶上盖上橡皮塞(septa),并加上铝封;3)采集的水样运回实验室后,通过顶空瓶测算方法,由水汽平衡后的气体甲烷浓度,回推计算水体样本的甲烷浓度(图 2-3)。

2.2.5 上覆水体营养盐含量及理化性质

为进一步研究水-气界面甲烷释放和水体甲烷浓度的关系,研究人员在

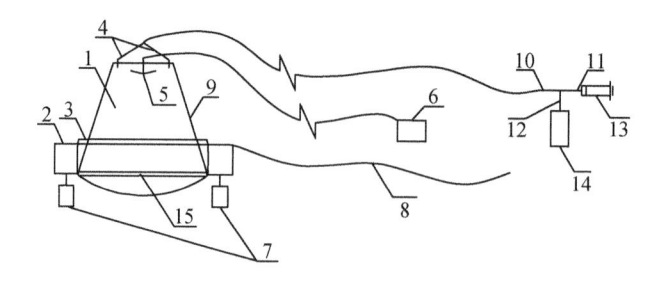

1. PVC桶;2. 救生圈;3. 密封板;4. 采气管;5. 集气扇;6. 电池盒;7. 固定铅块;8. 固定绳;9. 反光保温系统;
10. 阀门;11. 阀门;12. 阀门;13. 抽吸气塑料针筒;14. 铝箔真空袋;15. 密封气囊。

图 2-3　水体-空气界面甲烷采集装置

2010 年 9 月对太湖 7 个点位(图 2-2)和玄武湖 5 个点位(图 2-1B)的上覆水体进行了取样,对水体中营养盐和理化性质以及甲烷含量进行了分析。上覆水体的检测主要以水体表层水(水面下 0.5 m)为主,分析的指标和所使用的仪器如下。

pH:水体的 pH 用 HANNAHI8424 便携式 pH 计现场测定。

浊度:用 BZ-1T 型高量程便携型浊仪测定。

Eh:用 FJA-15 型氧化还原电位(Eh)测定仪测定。

总氮:水质总氮的测定使用碱性过硫酸钾消解紫外分光光度法,而溶解性氮的测定则将水样过 0.45 μm 滤膜以后,按照碱性过硫酸钾消解紫外分光光度法进行。

氨氮:氨氮的测定采用纳氏试剂分光光度法,按照国标 HJ 535—2009 进行。

硝氮:水体硝酸盐氮的测定采用酚二磺酸分光光度法,按照国标 GB/T 7480—1987 进行。

溶解性总磷:将水样用 0.45 μm 滤膜过滤后,采用钼酸铵分光光度法进行测定,依据 GB/T 11893—1989 进行。

总有机碳 TOC:利用 Elementar 总有机碳分析仪器 Liqui TOC Ⅱ 分析。

叶绿素含量:使用 YSI 进行现场分析,主要针对太湖进行;而对玄武湖未进行分析。

2.2.6 甲烷气体含量分析方法

CH₄含量分析方法为用带三通阀的 25 mL 的一次性注射器(经过测试,3天内保存 CH₄ 浓度变化在 5% 以内)采集湖面上空 0.5 m 的大气样品,带回实验室采用氢焰离子检测器(FID)的气相色谱仪(Agilent,GC 6820)进行 CH₄ 浓度分析或委托常州环境监测站进行检测。CH₄ 的标准气体购自中国标准物质中心。所采用的方法为标准方法。

2.2.7 统计与分析

上述指标的数据,均取 3 个平行样,对平行样产生 3 个数据,并进行统计分析。每个指标取平均值和标准差。水体和沉积物的不同参数间主要采用软件 SPSS13 进行分析。

2.3 结果与分析

2.3.1 玄武湖和太湖空气中甲烷含量分布特征

如图 2-4 所示,6 月底对太湖的 23 个点和玄武湖的 5 个点水面上方 0.5 m 处的空气进行了取样和分析,并标示了各点空气中甲烷的含量。太湖中各点空气中甲烷浓度的变化范围在 1.74～3.51 mg·L⁻¹,在 23 个监测位点中,有 13 个位点(灰色数字标注)的甲烷含量超过 2005 年国际大气甲烷浓度。玄武湖湖面空气甲烷浓度相对太湖总体较高,其变化范围在 2.75～4.65 mg·L⁻¹,全部超过 2005 年国际大气甲烷浓度。

从太湖甲烷普查监测具体情况来看,太湖北部区域 15 个甲烷监测点中,有 8 个点的空气甲烷含量低于 2005 年国际大气甲烷浓度,7 个点的空气甲烷含量高于 2005 年国际大气甲烷浓度;在东南部区域 7 个点中,只有 1 个点位空气甲烷含量低于 2005 年国际大气甲烷浓度。但空气甲烷含量高于 3.0 mg·L⁻¹ 的 3 个点位均出现在北部的贡湖、梅梁湖区域,东太湖及南部沿岸点位的空气甲烷浓度均在 2.0~2.9 mg·L^{-1} 之间，均一性明显较高。

以上普查监测结果符合太湖清淤工程实施的现状，太湖西北区域特别是竺山湖、梅梁湖、贡湖均较大规模实施过湖体清淤，因此布点在已清淤区域的空气甲烷监测含量低于 2005 年国际大气甲烷浓度，特别是刚完成第一轮生态清淤计划的竺山湖区域，已基本没有规模以上未清淤地块，因此竺山湖 2 个点位的空气甲烷含量监测数据均低于 2005 年国际大气甲烷浓度。而在东太湖及南部沿岸区，除靠近浙江南部沿岸区的点位可能实施过清淤工程外(不明确)，其余 6 个点位均未实施清淤工程，因此该区域甲烷空气含量受工程实施干扰较少，检测结果均高于 2005 年国际大气甲烷浓度。

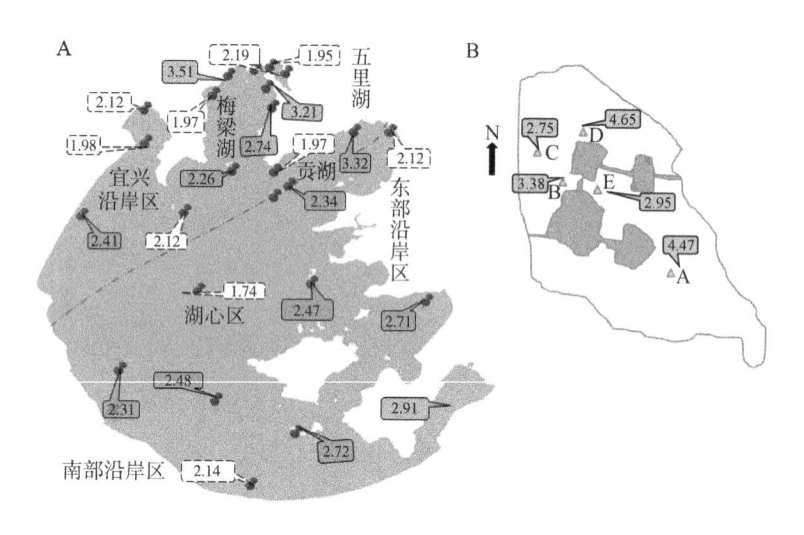

图 2-4　太湖与玄武湖的点位空气中甲烷含量(单位:mg·L^{-1})

从清淤点位与未清淤点位的空气甲烷浓度均值比较来看(表 2-1)，未清淤点位的空气甲烷浓度均值为 2.68 mg·L^{-1}，清淤点位的空气甲烷浓度均值为 2.04 mg·L^{-1}，两者差距显著。另外在未清淤点位中，太湖北部区域的未清淤点位空气浓度均值比太湖东南部区域未清淤点位的空气均值浓度要略高，也反映出太湖北部区域是蓝藻、湖泛易发区域的特点。

表 2-1 太湖 23 个监测点位空气甲烷含量

属性	区域	测样点位	空气甲烷含量(mg·L^{-1})	备注
未清淤点位	太湖北部区域	1	2.41	宜兴沿岸区
		2	2.26	梅梁湖
		3	3.51	梅梁湖
		4	3.21	梅梁湖
		5	2.74	梅梁湖
		6	2.34	贡湖
		7	3.32	贡湖
		8	2.12	焦山
			2.74	北部各点均值
	太湖东南部区域	9	2.47	东部沿岸
		10	2.71	东部沿岸
		11	2.91	东太湖
		12	2.72	三山岛
		13	2.48	太湖南部
		14	2.31	太湖南岸
			2.60	东南部各点均值
	未清淤点均值浓度		2.68	
清淤点位	太湖北部区域	15	1.98	竺山湖
		16	2.12	竺山湖
		17	1.97	梅梁湖
		18	2.19	梅梁湖
		19	1.95	梅梁湖
		20	1.97	贡湖
		21	2.12	贡湖
	清淤点均值浓度		2.04	
	湖心区	22	1.74	风浪较大、数值偏差明显
	太湖南部沿岸区	23	2.14	不明确是否清淤

2.3.2 水-气界面甲烷释放通量季节变化特征

6月和9月份太湖空气中甲烷含量和水-气界面甲烷气体交换通量分析结果

如表 2-2 所示，6 月份的空气中甲烷含量在 1.96～2.74 mg·L^{-1}之间，其中♯1 含量最低而♯7 含量最高。水-气界面间甲烷通量在不同取样点间的变化较大，其中在♯3 为负值，而其他点位为正值。其中♯7 点位(生物调控区)的水-气界面通量最高约 2.42 mg·m^{-2}·h^{-1}。

太湖的 7 个点位中，9 月份的甲烷含量在 1.95～3.56 mg·L^{-1}之间，其中 4 个点超出 2005 年国际大气甲烷含量。水-气界面甲烷交换通量变化范围在 0.17～3.35 mg·m^{-2}·h^{-1}之间，其在水厂(♯3)部分明显低于其他点位。总体上来讲 9 月份的平均空气中甲烷含量和水-气界面甲烷交换通量数值高于 6 月的平均数据。

表 2-2 不同季节太湖空气中甲烷含量及水-气界面甲烷释放特征

地点		空气中 CH$_4$ 含量(mg/L^{-1})		CH$_4$ 水-气界面交换通量(mg·m^{-2}·h^{-1})	
		6 月	9 月	6 月	9 月
太湖	♯1	1.96±0.12	3.14±0.24	0.28±0.19	1.02±0.41
	♯2	2.14±0.21	2.35±0.31	0.61±0.21	2.74±0.54
	♯3	2.02±0.14	2.14±0.17	−0.21±0.24	0.17±0.04
	♯4	2.40±0.17	1.95±0.19	1.82±0.75	1.32±0.44
	♯5	2.34±0.21	2.22±0.26	1.54±0.64	2.42±0.57
	♯6	2.49±0.15	3.56±0.31	1.13±0.43	1.41±0.39
	♯7	2.74±0.22	3.14±0.27	2.42±0.82	3.35±0.63

表 2-3 显示了玄武湖在 3、6、9 和 12 月份(分别代表春、夏、秋和冬四个季节)样品采集点位空气中甲烷含量和水-气界面甲烷变化通量规律。3 月份，空气中甲烷含量为 2.62～2.96 mg·L^{-1}；6 月份，空气中甲烷含量为 2.42～3.94 mg·L^{-1}；9 月份，空气中甲烷含量为 2.71～3.42 mg·L^{-1}；12 月份，空气中甲烷含量为 2.41～2.93 mg·L^{-1}。总体上 6 月份和 9 月份的含量高于 3 月和 12 月份。

对玄武湖水面空气通量进行了分析，结果表明，3 月份甲烷释放通量在 0.14～0.47 mg·m^{-2}·h^{-1}之间；6 月份释放通量在 0.29～3.15 mg·m^{-2}·h^{-1}之间；9 月份释放通量在 1.74～3.11 mg·m^{-2}·h^{-1}之间；12 月份释放通量在−0.28～0.73 mg·m^{-2}·h^{-1}之间。与空气中甲烷含量变化相比，水-气界面甲烷释放通量数值的变化较大。

表 2-3　玄武湖取样点空气中甲烷含量及水-气界面温室气体的变化通量

		取样点与取样时间				
	月份	ΔA	ΔB	ΔC	ΔD	ΔE
空气中甲烷含量 (mg·L⁻¹)	3	2.74±0.21	2.62±0.17	2.78±0.29	2.82±0.24	2.96±0.22
	6	2.58±0.32	3.69±0.21	3.94±0.24	3.43±0.22	2.42±0.19
	9	3.42±0.17	3.13±0.27	2.71±0.16	3.22±0.12	3.14±0.15
	12	2.41±0.14	2.44±0.25	2.63±0.31	2.87±0.22	2.93±0.28
水-气界面交换通量 (mg·m⁻²·h⁻¹)	3	0.14±0.01	0.47±0.22	0.42±0.17	0.22±0.11	0.42±0.31
	6	3.15±0.62	1.62±0.41	2.55±0.64	2.68±0.69	0.29±0.22
	9	2.76±0.22	2.38±0.35	2.93±0.42	3.11±0.21	1.74±0.17
	12	0.11±0.05	0.43±0.04	−0.28±0.08	0.73±0.21	−0.14±0.32

2.3.3　甲烷气体在水体中垂直方向的分布特征

为分析甲烷气体在垂直方向的分布特征,研究人员选择梅梁湾中科院生物调控区内的无清淤区点位♯7(沉积物厚度约75 cm),以及三山岛附近清淤比较完善的靠湖中心100 m处方向的♯6点位(沉积物厚度不超过6 cm),分析了水面下0.5 m处、水中沉积物上方0.5 m处及沉积物界面处水中甲烷的含量。

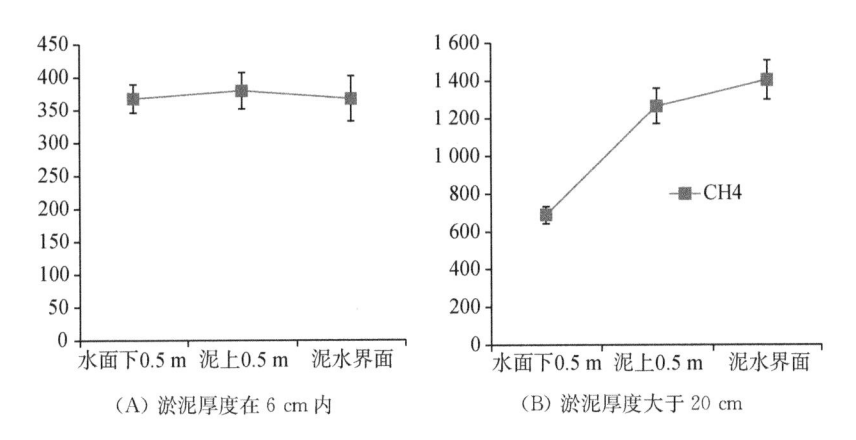

(A) 淤泥厚度在6 cm内

(B) 淤泥厚度大于20 cm

图 2-5　太湖梅梁湾水体中甲烷($\times 10^3$ mg·L⁻¹)的垂直分布特征
A 为♯6 清淤点;B 为♯7 未清淤点(泥厚度约75 cm)

如图 2-5 所示,在清淤地点附近甲烷含量在垂直方向上变化不大,大都在 300~400 $\mu g \cdot L^{-1}$。而在未清淤处,靠近污泥的水体中甲烷的含量明显高于水体表面的含量,在水体底部为 1 400 $\mu g \cdot L^{-1}$ 而在表层则只有约 600 $\mu g \cdot L^{-1}$。从整体上来看,在流速较小和风速以及扰动较小的情况下,有大面积淤泥的区域水体中甲烷含量明显高于经过严格清淤的水体中甲烷的含量。

2.3.4 表层水体理化及营养指标特征

对太湖及玄武湖上覆水体即湖面下 0.5 m 处甲烷含量、营养盐含量和理化指标进行了分析(表2-4)。结果显示,在太湖 7 个点位表层水样品中,甲烷的含量在 0.37~0.67 $mg \cdot L^{-1}$ 内,不同区域间水体内甲烷含量存在较大差异。pH 在 8.04~8.67 之间,电导率在 4.30~4.75 之间,两者在不同点位间变化不大。7 个监测点位的浊度在 20.10~40.04 之间,其中 #7 点位浊度相对较高,可能与该区域有较多的淤泥有关,其他点位浊度变化差异不大。总氮含量在 2.41~3.68 $mg \cdot L^{-1}$ 之间,其中 #3 点位为无锡市水厂取水口,该处浓度相对较低;溶解氧(DO)的含量在 2.09~3.54 $mg \cdot L^{-1}$ 范围内,其中 1 号点位的溶解氧含量较高,约为 3.54 $mg \cdot L^{-1}$。

氨氮含量在 0.52 和 1.66 $mg \cdot L^{-1}$ 之间,其中 #7 取样点的含量最高;总磷在 0.1~0.2 $mg \cdot L^{-1}$ 之间,溶解性总磷(TDP)含量在 0.03~0.1 $mg \cdot L^{-1}$ 之间;总有机碳(TOC)的含量在 1.81~5.54 $mg \cdot L^{-1}$ 之间,其中有植物区的 #1 取样点的浓度最低,而在 #7 取样点的浓度最高。藻类个数在 3.32×10^6~19.27×10^6 个 $\cdot L^{-1}$ 范围内,其中浓度最高的区域在梅梁湾的 #6 点位三山岛附近。

表 2-4　太湖不同取样点位理化指标及水质特征

指标	#1	#2	#3	#4	#5	#6	#7
CH_4 (mg·L^{-1})	0.47±0.02	0.44±0.04	0.37±0.02	0.45±0.02	0.39±0.02	0.62±0.07	0.67±0.04
pH	8.04±0.02	8.67±0.05	8.46±0.03	8.31±0.04	8.30±0.04	8.24±0.02	8.43±0.06
电导率	4.30±0.21	4.62±0.39	4.68±0.44	4.75±0.52	4.75±0.35	4.56±0.31	4.68±0.22
浊度	20.10±0.37	28.20±0.29	21.20±0.27	23.70±0.31	23.70±0.33	21.90±0.41	40.04±0.29
总氮 (mg·L^{-1})	3.18±0.31	2.67±0.16	2.41±0.22	3.49±0.27	3.42±0.15	3.45±0.17	3.68±0.14
DO (mg·L^{-1})	3.54±0.24	2.25±0.31	2.09±0.21	3.05±0.17	2.95±0.11	3.12±0.16	2.96±0.22
氨氮 (mg·L^{-1})	0.87±0.07	0.67±0.04	0.52±0.05	1.10±0.11	1.10±0.07	1.04±0.06	1.66±0.07
硝氮 (mg·L^{-1})	1.75±0.15	1.72±0.13	1.29±0.16	2.74±0.21	2.74±0.26	2.89±0.19	2.75±0.27
总磷 (mg·L^{-1})	0.20±0.01	0.21±0.02	0.18±0.01	0.10±0.01	0.10±0.01	0.12±0.01	0.10±0.01
TDP (mg·L^{-1})	0.10±0.01	0.03±0.00	0.04±0.00	0.03±0.00	0.03±0.00	0.05±0.00	0.04±0.00
TOC (mg·L^{-1})	1.81±0.11	4.50±0.23	2.94±0.26	3.15±0.24	3.15±0.27	5.04±0.41	5.54±0.37
藻数 (×10^6 个·L^{-1})	3.32±0.21	16.72±1.75	8.06±0.69	11.09±1.09	11.39±0.98	19.27±1.43	15.47±1.12

玄武湖属于城市湖泊,具有较小的水面积,受人类活动影响更大。对其5个点位的表层水样品检测结果(表2-5)表明,其水体中甲烷含量在0.29~3.48 mg·L^{-1}之间。水体pH的变化相对较小,在8.34~8.54之间,总体上偏碱性。氧化还原电位(Eh)变化范围为206.2~231.8 mV,浊度为18.20~21.70。总氮含量在1.81~2.73 mg·L^{-1}之间,其中E点的含量相对较高。溶解性总氮含量在1.69~2.64 mg·L^{-1}之间,氨氮含量在0.19~0.27 mg·L^{-1}之间,硝氮含量在1.29~2.05 mg·L^{-1}之间。在5个检测点位中,总磷含量的变化范围为0.09~0.50 mg·L^{-1},溶解性总磷含量为0.01~0.1 mg·L^{-1}。ΔE点总磷含量较高可能与取样时的扰动有关。TOC的含量变化范围为1.25~2.21 mg·L^{-1}。

表2-5 玄武湖取样点水质和水体理化性质

指标	ΔE	ΔA	ΔB	ΔC	ΔD
CH$_4$(mg·L^{-1})	3.15±0.62	1.62±0.41	2.55±0.64	3.48±0.69	0.29±0.22
pH	8.34±0.04	8.45±0.03	8.47±0.01	8.35±0.03	8.54±0.04
Eh(mV)	231.8±14	218.8±12	224.1±16	206.2±17	224.9±6
浊度	19.10±0.34	20.20±0.53	18.20±0.14	18.70±0.17	21.70±0.25
总氮(mg·L^{-1})	2.73±0.24	2.64±0.22	1.81±0.18	2.52±0.21	2.54±0.22
溶解性总氮(mg·L^{-1})	2.64±0.28	2.45±0.11	1.69±0.15	2.15±0.19	2.25±0.14
氨氮(mg·L^{-1})	0.27±0.03	0.23±0.01	0.19±0.03	0.25±0.04	0.22±0.02
硝氮(mg·L^{-1})	2.05±0.12	2.02±0.07	1.29±0.44	1.79±0.11	1.87±0.06
总磷(mg·L^{-1})	0.14±0.01	0.13±0.02	0.12±0.02	0.09±0.01	0.50±0.04
溶解性总磷(mg·L^{-1})	0.10±0.01	0.03±0.0	0.01±0.00	0.02±0.00	0.02±0.00
TOC(mg·L^{-1})	1.38±0.14	2.10±0.23	1.44±0.16	1.25±0.24	2.21±0.24

2.3.5 上覆水体内甲烷含量与水质和理化指标间潜在关系分析

为了研究水体中不同指标间的关系,对太湖和玄武湖上覆水体的理化指标、藻类和气体参数进行了分析。

太湖的水质指标和理化性质的主成分分析结果显示(图2-6a),共分三组主要成分,其中TN、NH$_4^+$、NO$_3^-$、WCH$_4$主要在第一组分上,而pH、DO、TDP、

TOC、藻数主要在第二组上,另外 WCH$_4$、TP 在第三组上。方差分析结果显示,第一、二和三组分间的变异系数分别为 45.04%、28.5% 和 10.74%。

玄武湖的水质指标和理化性质的主成分分析结果显示(图 2-6b),共分为两组主要成分。其中浊度、Eh、TN、TDN、NH$_4^+$ 和 NO$_3^-$ 主要在第一组分上,而 pH、CH$_4$、TP、TDP 和 TOC 主要在第二组分上。方差分析结果显示,第一和第二组分的变异系数分别为 43.02% 和 38.24%。

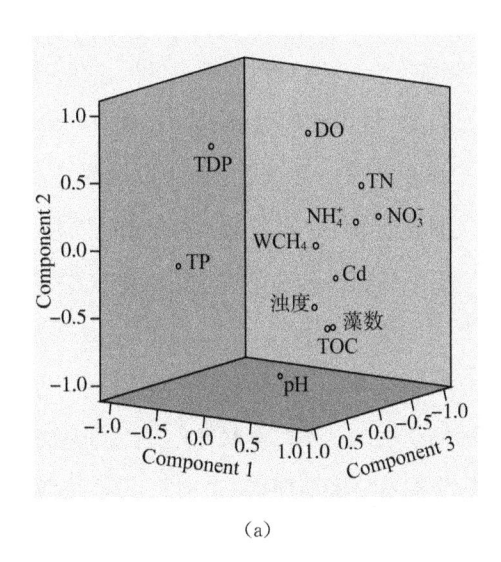

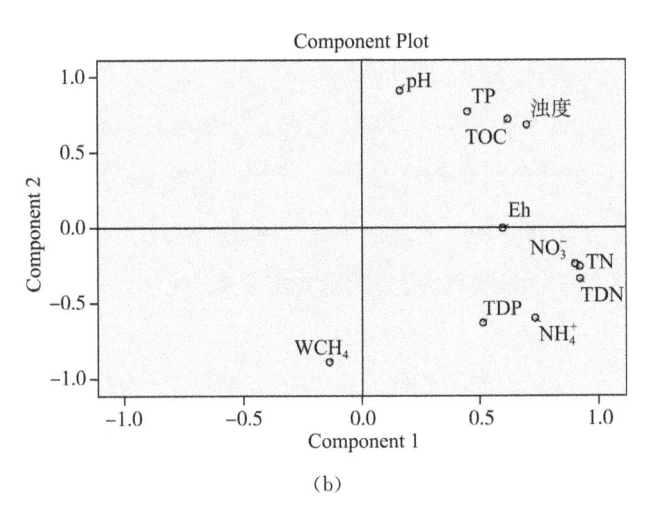

(a)

(b)

图 2-6　太湖(a)和玄武湖(b)水体中理化指标主成分分析

2.4 讨论

2.4.1 空气中甲烷含量与水-气界面甲烷通量变化特征

过去几十年中全球温度逐年上升,温度的上升与温室气体的排放程度密切相关。除 CO_2 和 N_2O 外,CH_4 含量的变化也是主要驱动因素之一。为综合评价湖泊对空气中甲烷释放的影响以及传递情况,本书对大型湖泊太湖和小型城市湖泊玄武湖上方空气、水-气界面甲烷通量以及水体内甲烷含量进行了分析。

由图 2-4、表 2-1 和表 2-2 可以看出,在太湖取样点空气中 CH_4 的含量在不同点位稍有差异,太湖各点空气中甲烷含量的变化范围在 1.74~3.51 mg·L^{-1};而玄武湖上空则在 2.75~4.65 mg·L^{-1}。太湖空气中甲烷含量水平与 2009 年北京市 10 个湖泊上空甲烷平均含量值 2.34 mg·L^{-1} 相近。玄武湖上空的甲烷含量明显高于 2009 年北京市 10 个湖泊上空的甲烷含量,这可能与取样分析时间和取样点的差异有关。在玄武湖取样时通常选取午后无风的时间点进行。为分析甲烷释放的季节变化规律,本书对玄武湖空气中甲烷浓度和水-气界面交换通量进行了分析(表 2-3),表明同一季节各点位空气中甲烷含量变化较小,而不同季节间的变化较大。由于野外实验影响因素多,且取样困难,目前自然水体中温度对甲烷释放通量的影响还不清楚,而对 CO_2 通量方面有一定的研究。如张发兵、胡维平(2003)发现春季观测结果显示小幅度的温度变化几乎不能对 CO_2 通量的变化趋势产生影响,只有在叶绿素含量较高或沉水植物较茂盛的湖区,温度波动相对较大的情况下,CO_2 通量与温度的对应关系才较明显。这些结果提示以后对甲烷释放通量的研究需要考虑植物的作用,尤其是有些维管束植物有助于甲烷释放(Conrad et al., 2010)。

表 2-2 中水-气界面温室气体通量分析结果显示,太湖的 7 个点位中甲烷的通量大都为正(#3 除外),说明在 6 月份和 9 月份太湖水体大多是 CH_4 的释放源。该变化趋势与李香华(2005)等对太湖的研究结果相似,他们发现湖心区、梅梁湾和东太湖的平均通量为 0.004、0.014 和 0.573 mg·m^{-2}·h^{-1},而甲

烷的最高通量为 1.61 mg·m^{-2}·h^{-1}。本结果发现梅梁湾的通量相比 2005 年的通量变化较为明显，这些可能是由于水体的富营养化引起的甲烷释放通量的增加。玄武湖中甲烷的交换通量，在 3 月份变化不大，而在 6 和 9 月份变化较大；12 月份各监测点位间变化也较大，其中在点位 ΔC 和 ΔE 处为负值，说明此刻这些点为甲烷的汇。陈永根等(2007)通过对中国 8 大湖泊冬季水-气界面的 CH_4 通量进行检测，结果发现湖泊中 CH_4 总体上是大气中的源，气体通量在 0.019~0.818 mg·m^{-2}·h^{-1} 范围内。艾永平等(2010)发现北京的市内湖泊的水-气界面甲烷通量在 0.52~11.81 mg·m^{-2}·h^{-1} 之间。分析发现 Enonselkä 湖是大气甲烷的源，甲烷的释放量在 0.02~1.19 m mol m^{-2}·d^{-1} (Bellido et al.，2011)。甲烷释放通量随季节变化较大，在 8 月末时甲烷的释放量最大，秋季峰值时期释放的甲烷量占年度甲烷释放量的 22% (Bellido et al.，2011)。Xie 等(2005)研究发现武汉东湖中甲烷的释放量在 23.37 mg·m^{-2}·d^{-1}。甲烷的释放量在夏季最大，而在其他季节较小。表明季节变化对甲烷的释放量有显著影响，尤其是在离赤道较远的地方。另外，水体甲烷的来源可能与外源的输入有关，如 Sha 等(2011)发现淡水河边湿地沉积物中甲烷释放均值在 0.33~85.7 mg CH_4 cm^{-2}·h^{-1} 范围内。

也有研究表明：在水生植物密集区沉积物中大于 90% 的甲烷是通过挺水植物和浮叶植物的通气组织运输的，但是在植物稀少或无植物区，气泡和扩散是甲烷运输的重要机制(Bergströma et al.，2007；Chanton 和 Dacey，1991；van der Nat et al.，1998；Kankaala et al.，2004)。本书中的研究发现玄武湖的几个点位中，点位 ΔE 处有沉水植物。而玄武湖在该点位甲烷的释放量较小，是否与植物的类型有重要关系，仍需要进行深入研究。

2.4.2 水体中甲烷分布特征

结果显示，太湖不同点位水体中甲烷含量在 0.37×10^{-6}~0.67×10^{-6} L^{-1} 范围内(表 2-4)，而玄武湖不同点位水体中甲烷含量在 0.29×10^{-6}~3.48×10^{-6} L^{-1}。太湖和玄武湖水体中 CH_4 的浓度远低于中国台湾湖泊中的甲烷浓度，其平均浓度为 7.70×10^{-6} L 比水体甲烷的理论饱和浓度 0.05×10^{-6} L^{-1}

高出许多,这是由于台湾高山湖泊的面积都较小,10 个湖泊面积总和才 0.3 km² (王树伦 等,1999),而湖面开阔的水域,空气流场对表层水体扰动作用更大,因此水面较大的湖泊可能表层水体中的甲烷含量相对较低。总体上来看,太湖和玄武湖水体的甲烷浓度呈过饱和现象,国内外不少文献报道,在溶氧充足、没有污染的湖泊表水中,甲烷含量仍是过饱和的(Swimierton et al.,1969;Lalllontagne et al.,1973;Wilkniss et al.,1978;de Angelis et al.,1987;Chen et al,1994)。王树伦等(1999)发现在贫营养的高山湖泊水体中仍然有相当浓度的甲烷。他们认为除了湖底沉积物在厌氧环境产生甲烷扩散至水体之外,湖畔森林区的土壤可能也是甲烷重要产生源,甲烷借由上表径流进入湖泊中(Harri et al,1982;Chen et al,1994)。

在太湖上覆水垂直方向上,未清淤地点的甲烷浓度在沉积物表层 0.5 m 处的浓度略高于表层和底层(图 2-5 A);而在未清淤处,甲烷含量随深度增加而增加。说明水体中甲烷的含量与点位沉积物中甲烷含量密切相关。研究表明,甲烷的产生主要在沉积物中进行,与有机质的降解和产甲烷菌的作用密切相关。甲烷要释放到空气中需要从沉积物到上覆水体,在水体中进行扩散后逐步扩散。因此该结果表明表层水体中甲烷一般低于深层,而大气中甲烷浓度又低于表层,从而在大气和湖泊之间形成一个甲烷浓度梯度体系。这可能是由于气体在水中的扩散系数比大气中慢(艾永平,2010),同时由于大气和水面之间好氧环境的存在,使得大部分甲烷在排放进入大气前被氧化(King 1992)。甲烷浓度在垂直方向的变化在深水湖泊中较为明显且湖泊中甲烷的含量和分布受地理位置和人类活动影响。有研究结果显示,城市化的结果导致城市湖泊中甲烷浓度增加,使得城市湖泊中甲烷的含量大于郊区湖泊约 100 倍(Bellido et al.,2011),另外,从时间上看,甲烷浓度最高的时候是在 9 月初,在 10~20 m 水深处甲烷的含量在 19.0~33.0 μM (Bellido et al.,2011),这和玄武湖水体中甲烷含量大于太湖水体甲烷含量,以及 9 月份略大于 6 月份的检测结果一致。

2.4.3 水体中甲烷与水体理化和水质因素间的关系

上覆水体的理化性质和水质,最终会影响 CH_4 的产生,如水体的富营养化可以引起水华暴发、溶解氧降低、湖泊底质的碳含量增加、底质的氧化还原电位降低，进而形成厌氧环境，促进 CH_4 的产生。严重的区域，还会引起水质灾害，进而会引起大量的 CH_4 气泡从湖底逸出。

水体中理化参数及水质间各参数间的作用机制复杂，主成分分析法（PCA）对于一系列指标的特征组成的多维向量可以缩短指标间的复杂程度。通过对上述指标进行分析发现，太湖上覆水体中甲烷的含量与氮类等在第一组分。氮类包含总氮、溶解性氮、氨氮、硝态氮。氮类物质是重要的生源物质，在生物的作用下不同形态氮间可以相互转换，其中氨氮转化为硝氮的过程需要氧气。已有研究表明甲烷可以被水体中的氧化物质和微生物氧化为 CO_2（Bastviken et al.，2008）。氮类在溶于水的化合物中多以离子态存在，而甲烷多以分子态形式存在于水体内（Borrel et al.，2011）。然而对玄武湖的分析结果显示，TN、TDN、NH_4^+ 和 NO_3^- 等主要在第一组分上，而 CH_4、pH、TP、TDP 和 TOC 主要在第二组分上。甲烷在太湖上覆水体中与氮组分相关性大，而在玄武湖上覆水体中与磷组分相关性大，说明水体中甲烷的含量变化在两种湖泊中的影响机制有所差异。研究表明甲烷的分布特征还受到其他因素的影响，积物的再悬浮导致夏季和冬季条件下甲烷浓度大量增加（Bussmann，2005）。另外，温度和水位变化也是影响甲烷含量的重要因素（Zhu et al.，2010），此方面的研究较少。由于条件受限，本书中的研究没有对这些影响因素深入分析，以后的研究中将尽量考虑这些因素对甲烷含量的影响。甲烷通量与悬浮沉积物有关，比如表层沉积物常常会被外界因素（水流和风生流）影响形成沉积物再悬浮，导致还原性物质、营养成分和大部分的甲烷释放到水体中。

多组分分析结果显示太湖 pH、TDP、TOC、DO、藻数等指标主要在第二组分上；pH、TDP、TOC、CH_4、TP 对玄武湖的第二组分有贡献。两组数据的不同之处在于玄武湖缺少藻类等指标，但两组数据中 pH、TDP、TOC 的相关性较一致。研究表明，pH 的变化与电导率和藻类生长都有明显关系。水生植物对水体 pH 的影响具有重要作用。在水和生物体之间的生物化学交换中，CO_2 占据独特地位，溶解的碳酸盐化合态与岩石圈进行均相、多相的酸碱反应和交换反应，对调节水体的 pH 和碱度起着重要作用（王晓蓉，1993）。藻类和水生植物进行光合作用,消耗大量 CO_2,使得 pH 升高。水体中藻类的含量变化影响 pH、电导率和有机碳的变化。这一结果表明,利用多组分分析的结果具有较高的可靠性。

2.5 本章小结

- 对太湖湖面和玄武湖大气中甲烷浓度进行了分析,发现太湖的不同区域空气中甲烷的含量差异性比玄武湖的要大,玄武湖上空甲烷的平均含量比太湖表面空气中要高。
- 从清淤点位与未清淤点位的空气甲烷浓度均值比较来看,未清淤点位的空气甲烷浓度均值为 2.68 mg·L^{-1},清淤点位的空气甲烷浓度均值为 2.04 mg·L^{-1},两者差异显著。太湖北部区域的未清淤点位空气浓度均值比太湖东南部区域未清淤点位的要略高,反映出太湖北部区域是蓝藻、湖泛易发区域。
- 甲烷在水-气界面的交换通量与季节变化有关,其中冬季和春季的通量低于夏季和秋季。
- 流动性较弱的水体中,沉积物的分布和厚度对上覆水体中甲烷的垂向分布浓度变化有影响,沉积物含量多的地方甲烷呈现梯度效应,且含量通常比无沉积物区的要高。
- 对太湖和玄武湖水体中各项理化指标变化与表层水体中甲烷含量间的关系进行分析显示,甲烷在太湖上覆水体中与氮组分相关性大,而在玄武湖上覆水体中与磷组分相关性大,说明水体中甲烷的含量变化在两种湖泊中的影响机制有所差异。

第三章
沉积物中甲烷含量与其他理化性质关系

3.1 引言

湖泊沉积物是 CH_4 产生的主要场所。外源性输入或由初级生产者固定的有机物质沉积,在湖泊底层的厌氧环境经过发酵作用被分解成小分子有机物,这些有机物可以被产甲烷菌利用生成甲烷。甲烷的生成与外界环境变化、甲烷菌的分布特征及底物的可利用情况有关。甲烷从沉积物释放到大气是一个复杂的生物地球化学过程,大体上可以分为 CH_4 的产生、CH_4 氧化和 CH_4 传输三个过程。与地表土壤层不同,在湿地系统中水体下面沉积物中生成的甲烷进入到上覆水体后经过水-气界面,最终扩散而进入大气,成为大气甲烷的释放源。

表层沉积物中甲烷含量及向水体和大气高效释放或扩散,与沉积物的理化性质和间隙水、上覆水体的流动性、水位、水文等多种因素有关。因此,研究不同介质中甲烷含量的变化特征,有助于理解不同湖泊和状况下甲烷的产生和迁移特点,为深入研究湖库温室气体控制理论和技术开发提供信息。第二章的研究结果显示上覆水体甲烷含量变化受多种因素影响,且与水体沉积物的量有直接关系,沉积物较为丰富的区域其水体中甲烷在垂直方向上具有明显变化趋势,而在非沉积物区其含量变化相差不大。沉积物-水界面甲烷的释放通量与水体中甲烷含量密切相关。而水体中甲烷大都来自沉积物。水体中含有有机物的悬浮颗粒的沉降、水体生物残体的累积是沉积物中有机物质来源的重要途径。表层沉积物的不断累积使得垂直方向上形成了不同类型的微生物生境。

本章在已有研究结果的基础上,以玄武湖和太湖表层沉积物和垂向沉积物为研究对象,监测表层沉积物和垂向沉积物的理化性质和营养组成及表层沉积物间隙水中的无机氧含量,分析水-气界面甲烷通量与表层沉积物理化性质和间隙水的变化规律、探讨垂向沉积物中甲烷变化特征及其与有机质含量、pH、氮和磷等因素间的变化规律,为揭示甲烷在沉积物中的分布规律,以及甲烷含量与其他理化因素和营养物质间的关系提供基础和现场数据。

3.2 材料与方法

3.2.1 湖泊沉积物样品采集

(1) 表层沉积物取样

为了对沉积物的理化性质进行分析,本书中的研究利用彼得逊采样器(grab sampler)对太湖和玄武湖的表层沉积物进行了平行取样分析,太湖有 7 个取样点(图 2-2)、玄武湖有 5 个取样点(图 2-1)。取样时间为 2010 年 9 月,每个取样点取样 3 次,每个样品为至少 150 mL 的表层泥。泥样的采集主要使用彼得逊采样器进行取样。将沉积物的表层沉积物样品取出后放入自封袋密闭保存。

(2) 沉积物垂直样品取样

取样时间为 2010 年 9 月。在太湖的♯7 取样点和玄武湖的 △A 取样点对沉积物进行了平行取样,垂直取样采用 Beeker 柱状原状取样器进行,取样过程以 3 cm 为一层(一个分割尺度),获取前 7 层沉积物,每层有至少 40 mL 的泥样。

3.2.2 甲烷气体采集与分析

沉积物中甲烷浓度的测量方法主要依据 Jorgensen 等(2001)的研究,主要包括以下步骤:

(1) 使用原装采样器进行取样,将去掉针头的注射器垂直插入采样器内沉积物中 3 cm 左右,获取密闭条件下 3 mL 左右泥样(有助于获取垂直各层泥样样品);

(2) 将 3 mL 的沉积物立即转送到含有 6 mL 1 M NaOH 溶液(抑制甲烷形成)的 Bellco 厌氧管中。然后,立即用丁基橡胶瓶塞封顶,摇动大约 1 min。从顶空部分抽取 1 mL 气体样品,并用气相色谱分析,根据标准曲线计算甲烷含量。

3.2.3 沉积物理化性质

沉积物含水率、有机质含量、pH 及其他理化指标采用常规方法进行测定。

3.2.4 表层沉积物间隙水理化性质与营养物质含量

将表层沉积物放在 50 mL 离心管中,在 6 000 rpm 下离心 5 min 后,收集上清液。多次收集上清液后合并用于分析其间隙水中营养物质的浓度。营养物质的测定使用 ICP-MS 设备。

3.2.5 数据处理

上述指标的数据,均取 3 个平行样,对平行样产生 3 个数据,并进行统计分析。每个指标取平均值和标准差。水体和沉积物的不同参数间的分析主要采用软件 SPSS13.0 进行分析。

3.3 结果与分析

3.3.1 玄武湖表层沉积物甲烷含量特征及理化性质变化特征

为分析沉积物中甲烷含量及含量变化特征,本书对玄武湖的 5 个采样点表层沉积物中甲烷的含量进行了分析。结果表明表层沉积物中具有较高的甲烷含量,变化范围在 1.76~6.56 mg·L^{-1} 内,其中 ΔE 点的含量最低,ΔC 点最高(表 3-1)。沉积物中水分的含量在 54.17%~66.72% 之间,样品点间的含水率差异相对比较大。不同取样点表层沉积物的 pH 也不相同,其变化范围在 7.14~7.61 之间,其中有植物生长的 ΔE 点位 pH 较高;点位 ΔC 的 pH 较低,点位 ΔC 的水深相对比较深。

玄武湖表层沉积物中的营养物质的含量也有一定的差异。在总磷方面不同采样点间的变化不大,在 0.72~0.88 mg·g^{-1} 干重范围内;总氮的含量在 1.98~2.59 mg·g^{-1} 干重范围内;干沉积物的烧失量(OM)差异较大,其在

4.82%～12.3%范围内,其在不同点位的含量从大到小依次为:ΔC、ΔA、ΔD、ΔB 和 ΔE。可挥发性硫化物(AVS)的含量变化也很大,如 ΔA 点位最低,含量在 1.79 $\mu mol \cdot g^{-1}$ 鲜沉积物样品,而在 ΔC 则为 15.63 $\mu mol \cdot g^{-1}$ 鲜沉积物样品。沉积物间的阳离子交换容量(CEC)变化也有较大的差异,其中在 ΔE 位点为 25.7 $mol \cdot kg^{-1}$ 鲜沉积物样品。

本书也对沉积物样品的颗粒分布特征进行了分析,如表 3-1 所示,各表层沉积物的粒径分布规律基本相似,其粒径范围大都在 2～20 μm,其次为 20～50 μm、50～100 μm、小于 2 μm 和 100～250 μm。表明在物理组成上样品间差异不显著。

表 3-1　玄武湖取样点表层沉积物中甲烷含量及理化指标特征

参数		ΔA	ΔB	ΔC	ΔD	ΔE
$CH_4(mg \cdot L^{-1})$		5.92±1.12	3.36±0.64	6.56±1.28	4.16±1.12	1.76±0.8
水　深(m)		1.4	0.8	1.8	1.4	0.6
含水率(%)		64.21±2.41	54.17±5.27	66.72±3.15	63.32±4.64	55.64±3.21
pH		7.33±0.31	7.45±0.21	7.14±0.24	7.43±0.14	7.61±0.12
TP $(mg \cdot g^{-1} dw)$		0.88±0.06	0.72±0.12	0.72±0.09	0.78±0.14	0.75±0.10
TN $(mg \cdot g^{-1} dw)$		2.33±0.11	2.14±0.07	2.41±0.20	2.59±0.21	1.98±0.11
OM $(mg \cdot g^{-1} dw)$		105.2±8.71	82.9±7.43	123.8±9.12	94.4±11.23	48.2±3.21
AVS $(\mu mol \cdot g^{-1})$		1.79±0.42	20.69±0.18	15.63±3.46	4.46±0.47	16.45±1.01
CEC $(mol \cdot kg^{-1})$		29.59±1.63	31.94±2.49	44.94±4.77	27.41±2.21	25.7±2.43
粒径大小分布(%)	<2 μm	7.32	4.71	5.75	8.19	4.901
	2～20 μm	61.07	56.89	61.39	64.32	56.21
	20～50 μm	23.21	26.01	23.28	20.83	27.18
	50～100 μm	7.68	8.97	8.46	6.25	9.11
	100～250 μm	0.72	3.41	1.10	0.41	2.59

3.3.2　太湖表层沉积物甲烷含量特征及理化性质变化特征

对太湖沉积物的分析主要以梅梁湾和贡湖湾为例,这些点位包含了清淤点位(♯4、♯5和♯6)、未清淤点位(♯1、♯2和♯7)、城市用水取水口(♯3)、水生植物区(♯2)等。为充分了解不同点位表层沉积物的甲烷含量,及人类活动和沉积物理化性质变化对其的影响提供了基础。

如表3-2所示,太湖表层沉积物中甲烷的含量变化差异较大,其中在♯3~♯5处的含量较低,而在♯1,♯2,♯6,♯7处的含量较高。甲烷含量最低的为0.22 mg·L^{-1}(♯3),最高处为16.80 mg·L^{-1}(♯2)。太湖沉积物中的含水率为55.34%~69.42%,其中♯7点位的含水率最高,♯1点位的含水率最低。表层沉积物的pH变化相对较大,其中♯1,♯2和♯7的沉积物pH大于7,呈现偏碱性,而其余点位则在6~7之间。

太湖沉积物的总氮含量在不同点位间变化不大,其数值在1.99和2.48 mg·g^{-1}干重之间;总磷的含量在♯1采样点的含量最高为2.99 mg·g^{-1}干重,而在♯5采样点的含量最低,约为2.13 mg·g^{-1}干重,总体上不同点位的含量差异不大。总有机碳含量(TOC)的变化在0.39和1.19 mg·g^{-1}干重之间,最高的是位于梅梁湾的♯6和♯7点位,含量最小的为贡湖湾水厂取水口附近的♯3点位。酸可挥发性硫含量在8.18 μmol·g^{-1}和15.61 μmol·g^{-1}间,其中♯1和♯5点位处的含量较其他点位高。

表层沉积物的阳离子交换容量在不同点位间的变化差异较大,其中♯6点位的含量最低为19.38 mol·kg^{-1},而在♯1点位的容量最大,为33.73 mol·kg^{-1}。对表层沉积物样品的粒径也进行了分析,发现其粒径的分布范围大致与玄武湖沉积物的相似,即:粒径在2~20 μm范围内的颗粒占50%以上,20~50 μm范围内的颗粒占比为20%~30%,其中在100~250 μm内的粒径所占的比例最小。

表 3-2 太湖取样点表层沉积物中甲烷含量及理化指标特征

指标		#1	#2	#3	#4	#5	#6	#7
CH$_4$(mg·L^{-1})		5.25±0.43	16.80±1.37	0.16±0.09	0.22±0.07	0.44±0.13	2.61±0.54	6.82±0.49
含水率(%)		55.34±4.33	60.03±4.75	55.69±3.79	57.09±3.82	58.11±4.74	64.03±5.48	69.42±5.97
pH		7.21±0.35	7.24±0.37	6.94±0.41	6.75±0.56	6.94±0.47	6.63±0.54	7.02±0.48
TN (mg·g^{-1} dw)		2.21±0.11	2.24±0.193	1.99±0.17	2.29±0.13	2.25±0.17	2.13±0.12	2.48±0.19
TP (mg·g^{-1} dw)		2.99±2.21	2.65±1.83	2.79±1.92	2.30±1.99	2.13±1.61	2.27±1.33	2.31±1.39
TOC		0.99±0.08	0.67±0.05	0.39±0.03	0.84±0.07	0.97±0.13	1.19±0.22	1.19±0.12
AVS(μmol·g^{-1})		15.61±1.72	14.21±0.31	10.48±1.29	8.18±0.52	15.44±1.32	9.26±1.02	10.14±1.19
CEC(mol·kg^{-1})		33.73±2.1	25.34±2.26	25±1.29	24.2±1.21	27.21±3.44	19.38±1.31	33.38±2.07
粒径大小分布(%)	<2 μm	8.62	4.61	6.06	5.97	5.79	5.89	5.31
	2～20 μm	50.42	56.95	52.59	57.19	63.05	60.59	55.65
	20～50 μm	27.91	25.21	25.55	24.73	24.95	25.12	22.72
	50～100 μm	10.96	10.06	12.13	10.76	5.91	8.01	11.31
	100～250 μm	2.08	3.16	3.67	1.33	0.28	0.39	5.01

3.3.3 玄武湖沉积物间隙水水质情况

间隙水是表层沉积物的重要组成部分,是表层沉积物中甲烷从沉积物到上覆水体扩散的重要介质。然而间隙水中甲烷与可溶解性氧化物质含量、金属离子之间是否有相互关系,目前还未知。

由表3-3可知,玄武湖间隙水中总氮含量在不同点位差异较大,在点位♯C中的含量最低,为 2.28 mg·L^{-1},在点位♯E中的含量最高,为 7.42 mg·L^{-1}。NH_4^+ 的含量在 0.77 mg·L^{-1} 和 1.07 mg·L^{-1} 之间,取样点位间的差异不大,而总磷的含量在 0.94 mg·L^{-1} 和 2.91 mg·L^{-1} 之间,取样点位间的差异变化较大。正磷酸盐的含量变化差异相对较大,在点位♯B处最低为 0.06 mg·L^{-1},而在点位♯A处最高为 0.22 mg·L^{-1}。

玄武湖表层泥间隙水中 Mn 的浓度变化范围在 4.95~43.33 mg·L^{-1} 之间,浓度最高点位在 ∆E,最低点位在 ∆D。间隙水中 Zn 的浓度变化差别较大,最高点 ∆E 为 2.15 mg·L^{-1},最低点♯A 为 0.39 mg·L^{-1},相差约5倍。相比较而言,总体上各点位间隙水中 Fe 的浓度变化不大,大致在 8.86~17.14 mg·L^{-1} 范围内。Ni 在不同点位间隙水中的含量有较大差异,其中在♯A浓度最高(0.56 mg·L^{-1}),在点位♯B浓度最低(0.13 mg·L^{-1})。与其他元素相比间隙水中铜(Cu)的含量相对较低,含量在 0.07~0.33 mg·L^{-1} 之间,其点位间的含量变化差异显著。不同点位间隙水中 Mg 的含量变化不显著,在 46.05~50.28 mg·L^{-1} 之间。

表3-3 玄武湖取样点表层沉积物间隙水理化指标特征

参数	取样点位				
	♯A	♯B	♯C	♯D	♯E
TN(mg·L^{-1})	3.47±0.15	3.17±0.03	2.28±0.27	3.35±0.23	7.42±0.24
NH_4^-(mg·L^{-1})	0.98±0.07	0.95±0.02	1.01±0.03	0.77±0.02	1.07±0.01
TP(mg·L^{-1})	1.22±0.04	1.23±0.05	0.94±0.02	2.73±0.11	2.91±0.06
PO_4^{3-}(mg·L^{-1})	0.22±0.01	0.06±0.00	0.19±0.02	0.08±0.01	0.11±0.00

续表

参数	取样点位				
	♯A	♯B	♯C	♯D	♯E
Mn(mg·L^{-1})	10.34±0.15	19.02±0.19	19.98±0.31	4.95±0.04	43.33±0.50
Zn(mg·L^{-1})	0.39±0.06	0.48±0.07	0.84±0.03	0.65±0.14	2.15±0.59
Fe(mg·L^{-1})	8.86±0.11	9.55±0.09	12.84±0.36	17.14±5.98	9.67±0.74
Ni(mg·L^{-1})	0.56±0.67	0.13±0.03	0.15±0.02	0.17±0.05	0.41±0.04
Cu(mg·L^{-1})	0.07±0.00	0.08±0.00	0.14±0.00	0.21±0.01	0.33±0.00
Mg(mg·L^{-1})	46.20±0.12	46.22±0.19	48.79±0.41	46.05±0.77	50.28±0.15

3.3.4 太湖沉积物间隙水水质情况

太湖表层泥间隙水体中总氮的含量在各点位间有明显差异,变化范围在 1.52~2.63 mg·L^{-1},在无锡市太湖饮用水取水口♯3 附近含量最低。NH_4^+ 浓度的变化范围在 1.22 mg·L^{-1} 和 4.75 mg·L^{-1} 之间。总磷的含量差别比较大,变化范围从 0.27 mg·L^{-1} 至 1.64 mg·L^{-1},其中♯5 的含量最高。正磷酸盐的变化范围在 0.18~0.61 mg·L^{-1} 内,不同点位间隙水中磷的含量差异比较大。

Mn 的含量在不同点位间的差异比较大,其中♯1 点位间隙水中的含量最低为 0.15 mg·L^{-1},♯7 点的浓度最高为 26.48 mg·L^{-1}。间隙水中 Zn 的含量在 0.18~0.59 mg·L^{-1} 范围内,含量最低的为♯6 点位,最高的为♯4 点位。在不同点位的间隙水中 Ni 的含量差异较大,最高浓度为 0.35 mg·L^{-1},最低的浓度为 0.03 mg·L^{-1}。间隙水中铜的含量在 0.01~0.18 mg·L^{-1} 范围内,点位间差异较大。间隙水中 Mg 的含量在不同取样点间的分布差别相对较小,其中浓度最高的为 51.79 mg·L^{-1}(贡湖湾♯2);最低的为 38.34 mg·L^{-1},位于♯1 取样点。

表3-4 太湖取样点表层沉积物间隙水的理化指标特征

指标	#1	#2	#3	#4	#5	#6	#7
TN(mg·L^{-1})	2.41±0.01	1.81±0.11	1.52±0.02	2.63±0.06	2.35±0.14	1.62±0.09	1.71±0.15
NH$_4^-$(mg·L^{-1})	1.22±0.04	1.29±0.00	2.81±0.04	4.75±0.03	1.52±0.01	3.11±0.34	1.39±0.01
TP(mg·L^{-1})	0.37±0.01	0.29±0.00	0.27±0.01	1.54±0.03	1.64±0.03	0.59±0.01	0.27±0.02
PO$_4^{3-}$(mg·L^{-1})	0.19±0.00	0.18±0.01	0.19±0.00	0.61±0.00	0.61±0.01	0.39±0.02	0.21±0.02
Mn(mg·L^{-1})	0.15±0.01	20.02±0.73	2.61±0.03	15.46±0.06	11.10±0.46	6.28±1.98	26.48±0.64
Zn(mg·L^{-1})	0.28±0.23	0.22±0.02	0.25±0.00	0.59±0.07	0.37±0.01	0.18±0.04	0.42±0.02
Fe(mg·L^{-1})	1.91±0.42	4.72±1.67	5.25±0.08	15.57±1.33	16.91±3.29	3.41±1.80	12.65±0.44
Ni(mg·L^{-1})	0.03±0.00	0.07±0.02	0.10±0.02	0.26±0.00	0.27±0.05	0.35±0.12	0.21±0.02
Cu(mg·L^{-1})	0.01±0.00	0.03±0.00	0.05±0.00	0.18±0.00	0.10±0.01	0.02±0.01	0.09±0.00
Mg(mg·L^{-1})	38.34±0.91	51.79±0.73	45.93±0.34	48.28±0.23	46.57±1.14	42.75±6.72	49.97±0.50

3.3.5 玄武湖垂直沉积物中甲烷含量和理化性质变化特征

如表3-5所示,本书以玄武湖♯A点的沉积物为研究对象,以3 cm为1个单元将柱状样垂直分成7个样品区段,分析了沉积物样品中甲烷含量和理化性质变化规律。在0~21 cm深度的沉积物中都能够检测到甲烷含量,其中在3~6 cm范围内甲烷含量最低,为3.68 mg·L^{-1};在15~18 cm处的甲烷含量最高,为15.52 mg·L^{-1}。沉积物的含水率在垂直方向上呈现逐步降低趋势,从表层的66.2%下降到底层沉积物的53.6%。pH的变化与沉积物的含水率相似,从表层到底层逐步降低。表层沉积物的pH为7.31,底层的为5.95。

总磷的含量在垂直方向上变化趋势不明显,在表层和底层沉积物中磷的含量较高,最高为0.88 mg·g^{-1}dw;其他层的磷含量在0.72~0.82 mg·g^{-1}干沉积物范围内。在垂直方向上,沉积物中总氮的含量变化相对比较大,表层的含量明显高于底层,且在表层0~9 cm范围内总氮的含量变化不大,底层18~21 cm内的氮含量为1.56 mg·g^{-1}干沉积物。有机物质的含量在垂向上也呈现下降趋势,从表层的105.17 mg·g^{-1}干沉积物下降到底层的81.14 mg·g^{-1}干沉积物。

3.3.6 太湖垂直沉积物中甲烷含量和理化性质变化特征

近年来,加强了对太湖的污染治理强度,对太湖进行了大面积清淤以控制内源污染。然而仍有部分区域有残留的污泥,其中包括梅梁湾和贡湖湾湖区。为了评估太湖沉积物的垂向分布特征,以位于梅梁湾的中科院的生物调控区中沉积物相对比较厚的点位为对象,对该点位甲烷的垂向分布特征进行了分析。研究发现沉积物中甲烷的浓度随着沉积物浓度的增加而增加,在15~18 cm处达到了最高值37.97 mg·g^{-1},在表层浓度为1.61 mg·L^{-1}。水分含量的变化趋势却逐步下降,0~9 cm间的水分含量在63%以上,而在15~21 cm处沉积物的含水率下降到60%以下。pH的变化呈现下降趋势,表层的值最高为6.81,在18~21 cm处最低,为6.31。

总磷的含量总体上变化不大,在0~12 cm范围内大于23 mg·g^{-1}干沉积物,在18~21 cm处的含量小于20 mg·g^{-1}干沉积物。总氮的含量呈现下降

表3-5 玄武湖沉积物理化指标和甲烷的垂直分布特征

#A	$CH_4(mg \cdot L^{-1})$	含水率(%)	pH	$TP(mg \cdot g^{-1} dw)$	$TN(mg \cdot g^{-1} dw)$	$OM(mg \cdot g^{-1} dw)$
0~3 cm	5.6±0.64	66.2±3.63	7.31±0.25	0.88±0.26	2.23±0.31	105.17±7.43
3~6 cm	3.68±0.32	65.4±2.82	7.25±0.23	0.72±0.15	2.18±0.21	99.26±6.40
6~9 cm	6.72±1.28	62.7±5.54	7.14±0.21	0.72±0.07	2.24±0.14	93.74±5.12
9~12 cm	8.96±0.96	61.6±4.22	6.93±0.31	0.77±0.24	1.95±0.12	91.18±3.23
12~15 cm	12.64±0.48	56.2±5.91	6.71±0.24	0.74±0.09	1.89±0.11	87.45±4.21
15~18 cm	15.52±0.32	55.5±4.56	6.47±0.27	0.77±0.03	1.76±0.12	84.24±2.44
18~21 cm	10.4±0.64	53.6±4.95	5.95±0.31	0.82±0.01	1.56±0.11	81.14±3.22

表3-6 太湖沉积物理化指标和甲烷的垂直分布特征

#7	$CH_4(mg \cdot L^{-1})$	含水率(%)	pH	$TP(mg \cdot g^{-1} dw)$	$TN(mg \cdot g^{-1} dw)$	$TOC(mg \cdot g^{-1} dw)$
0~3 cm	1.61±0.31	63.71±2.42	6.81±0.04	23.08±0.76	2.29±0.21	3.21±0.13
3~6 cm	6.68±0.47	64.49±2.07	6.75±0.02	24.51±0.52	2.23±0.28	2.26±0.44
6~9 cm	15.32±1.12	63.44±2.19	6.61±0.01	25.25±0.36	2.21±0.23	1.74±0.13
9~12 cm	16.91±2.27	62.73±1.62	6.55±0.03	23.47±0.42	1.95±0.17	1.18±0.21
12~15 cm	24.09±3.83	60.81±2.37	6.42±0.04	22.19±0.61	1.76±0.14	0.95±0.07
15~18 cm	37.97±8.97	56.37±3.72	6.39±0.02	21.26±0.44	1.30±0.11	0.73±0.04
18~21 cm	34.65±4.84	55.77±3.11	6.31±0.03	19.94±0.87	1.29±0.17	0.57±0.03

趋势,从表层的 2.29 mg·g^{-1}干沉积物下降到 18~21 cm 处的 1.29 mg·g^{-1}干沉积物。与总氮含量变化趋势相似,总有机碳含量从表层 0~3 cm 的 3.21 mg·g^{-1}干沉积物下降到 18~21 cm 处的 0.57 mg·g^{-1}干沉积物。

3.3.7 甲烷含量与表层沉积物理化指标间的潜在关系分析

图 3-1 显示玄武湖表层沉积物中指标,包括甲烷含量、pH、含水率、水深、有机质含量、总氮和总磷,以及对应采样点的水-气界面甲烷通量间的关系。总体上分成了两个组分,第一组分主要为水深、含水率、有机质含量、总氮含量、甲烷含量和水-气界面甲烷交换通量;第二组分以总磷含量和 pH 为主;第三组分主要为 AVS,PH 和 CEC。三个组分的变异系数分别为 60.10%、20.14% 和 13.11%。另外,含水率、有机质含量、总氮含量、甲烷含量和水-气界面甲烷交换通量几个指标间的关系相对比较紧密。

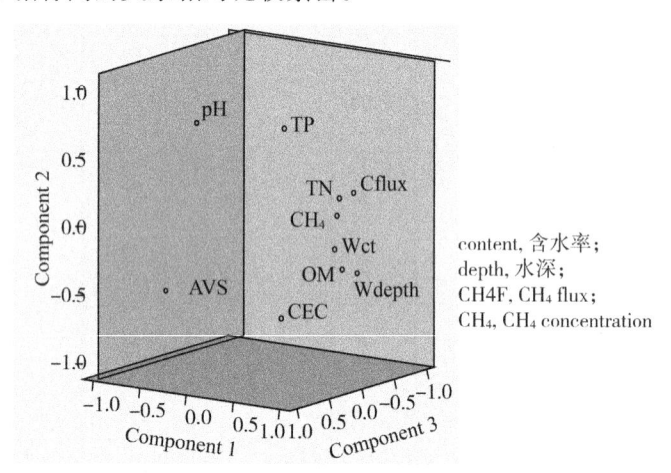

图 3-1　玄武湖表层沉积物中甲烷含量与水-气界面甲烷交换通量及沉积物理化性质间的多组分分析

如图 3-2 所示,太湖表层沉积物含水率、总氮含量、总有机碳含量和水-气界面甲烷含量等指标主要分布在第一组分上,而甲烷含量、pH、总磷含量、CEC 和 AVS 主要分布在第二组分上。另外,甲烷含量在第一组分和第二组分上的组成矩阵数据分别为 0.35 和 0.43,表明其在两组分间差异不是很大。方差分析结果表明,第一组分和第二组分间的变异系数分别为 42.2% 和 29.41%。

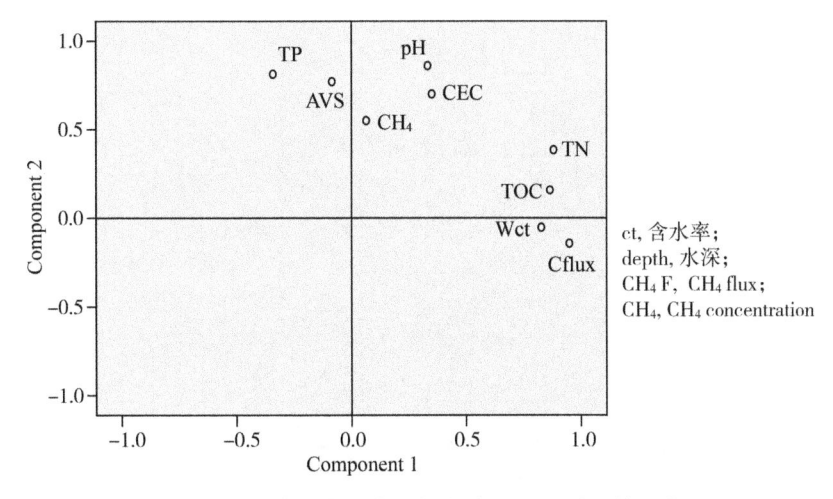

图 3-2　太湖表层甲烷含量与水-气界面甲烷交换通量和其他理化指标间的主成分分析

3.3.8　甲烷含量与间隙水理化指标间的潜在关系分析

间隙水是甲烷由沉积物向上覆水体扩散的主要路径之一。间隙水中营养物质(氧化物质)含量变化与沉积物中甲烷的变化密切相关。主成分分析结果显示(图 3-3),太湖间隙水甲烷含量及水-气通量等指标主要分为三个组分,第一组分主要包括总氮含量、氨氮含量、总磷含量、正磷酸盐、Zn、Fe、Ni、Cu;第二组分主要包括 Mn、Mg 和甲烷含量,第三组分主要包括 Ni 和水-气界面甲烷通量。三个组分的变异系数分别为 45.78%、21.11% 和 11.14%。

如图 3-4 所示,玄武湖表层沉积物间隙水各指标总体分为三个组分,其中总氮含量、锰、锌、铜和镁主要在第一组分上,氨、正磷酸盐、镍和甲烷含量主要在第二组分上,铁和水-气界面间甲烷通量在第三组分上。第一、二和三个组分的变异系数分别为 45.11%、23.42% 和 13.53%。

3.3.9　甲烷含量与垂向沉积物理化指标间的潜在关系分析

本书以玄武湖沉积物中甲烷和其他沉积物理化指标的垂向分布数据为基础,分析了这些指标间的关系。结果显示(图 3-5),水分含量、pH、总氮和总有

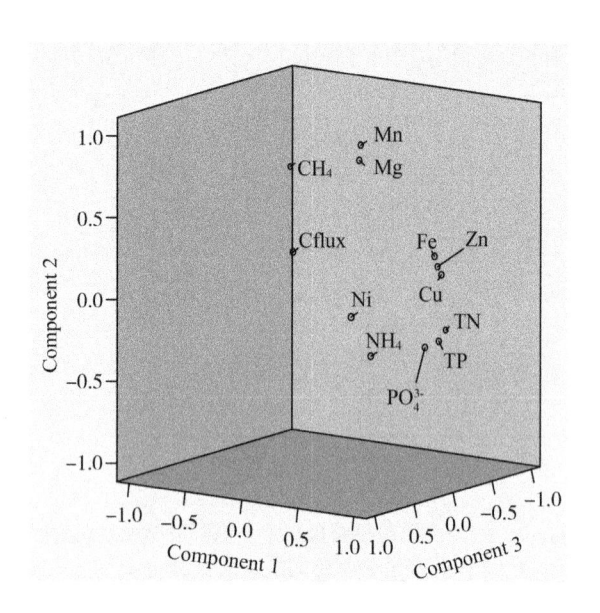

图 3-3　太湖表层泥间隙水理化参数与甲烷含量和水-气甲烷通量变化间的主成分分析图

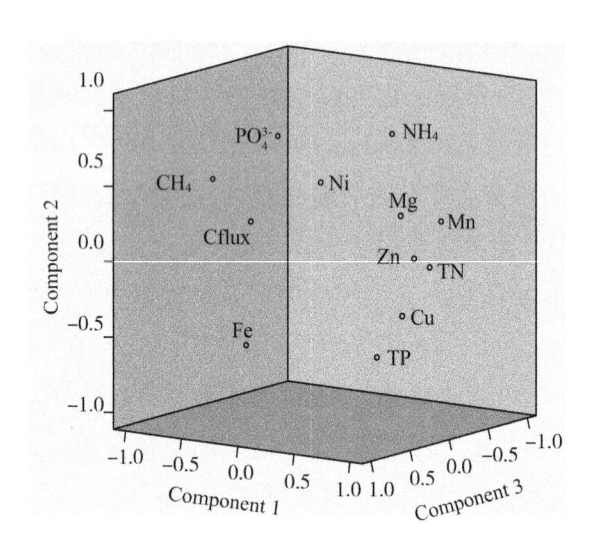

图 3-4　玄武湖表层沉积物隙水理化参数与甲烷含量和水-气甲烷通量变化间的主成分分析图

机质含量主要在第一组分上,而甲烷含量和总磷含量主要在第二组分上。两个组分的变异系数分别为 72.25% 和 18.31%。

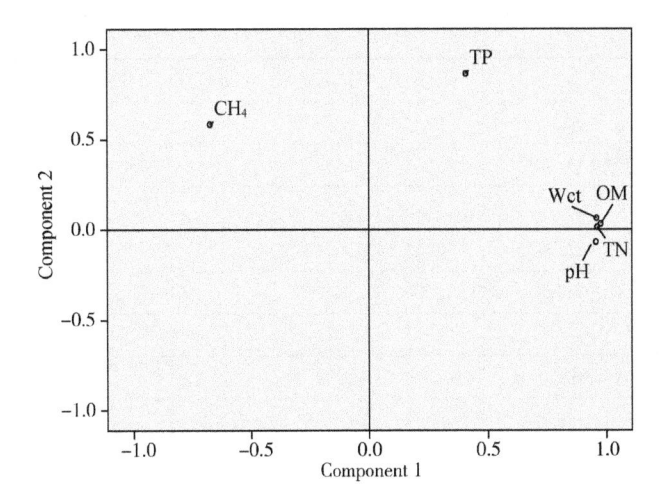

图 3-5　玄武湖沉积物垂向甲烷含量和理化指标间的主成分分析图

表 3-7　主成分分析太湖垂向沉积物各指标间的关系-变异解释

Component	Initial Eigenvalues			Extraction Sums of Squared Loadings		
	Total	% of Variance	Cumulative %	Total	% of Variance	Cumulative %
1	5.053	84.211	84.211	5.053	84.211	84.211
2	0.627	10.454	94.665			
3	0.192	3.205	97.870			
4	0.087	1.457	99.327			
5	0.038	0.633	99.960			
6	0.002	0.040	100.000			

Extraction Method: Principal Component Analysis.

对太湖沉积物中各指标的垂向多组分分析结果显示(表 3-7),这几个指标均在第一组分上,其变异系数为 84.21%。分析指标间的相关度(表 3-8),发现甲烷含量与其他指标都呈现显著负相关;然而,其他指标间都呈现显著正相关。

表 3-8　太湖沉积物垂向甲烷含量和理化指标间的主成分分析表

		CH_4	act	pH	TP	TN	OM
CH_4	Pearson Correlation						
	Sig. (2-tailed)						
	N						

续表

		CH$_4$	act	pH	TP	TN	OM
act	Pearson Correlation	−.642**					
	Sig. (2-tailed)	0.002					
	N	21					
pH	Pearson Correlation	−.894**	0.804**				
	Sig. (2-tailed)	0.000	0.000				
	N	21	21				
TP	Pearson Correlation	−0.652**	0.877**	0.759**			
	Sig. (2-tailed)	0.001	0.000	0.000			
	N	21	21	21			
TN	Pearson Correlation	−0.809**	0.947**	0.895**	0.889**		
	Sig. (2-tailed)	0.000	0.000	0.000	0.000		
	N	21	21	21	21		
OM	Pearson Correlation	−0.863**	0.704**	0.953**	0.603**	0.839**	
	Sig. (2-tailed)	0.000	0.000	0.000	0.004	0.000	
	N	21	21	21	21	21	

**. Correlation is significant at the 0.01 level (2−tailed).

3.4 讨论

沉积物是水体中甲烷产生的主要场所。表层沉积物是甲烷生成和沉积物-水界面甲烷交换的重要场所。研究发现大型浅水湖泊太湖和城市湖泊玄武湖表层沉积物中都有较高浓度的甲烷存在，无论是在有植物种植区、清淤后新形成的沉积物还是厚度较高的沉积物区，表明沉积物是水体中甲烷的重要来源，与前文水体甲烷变化结果相互补充。然而，不同沉积物样品中的甲烷含量差异较大，可能与取样点沉积物的厚度有关(Bellido et al.，2011)。本节将从以下四方面讨论沉积物中甲烷的变化及驱动机制。

3.4.1 表层沉积物甲烷含量及其与沉积物的营养物质关系

沉积物中甲烷产生与甲烷菌的活性等多种因素有关。甲烷菌对外界环境条件要求较为苛刻,尤其是氧。氧浓度大于 10 ppm 能够完全抑制甲烷菌生成,因为参与代谢的一些辅助因子和辅酶对氧敏感(Ragsdale and Kumar,1996;Schonheit et al.,1981)。产甲烷菌通常在中性或微碱性环境中活性最强,并对 pH 的变化非常敏感,大多数产甲烷细菌生长代谢的 pH 适应范围在 5～8 之间,最适 pH 为 7 左右(OremLand,1982)。艾永平等(2010)的研究结果表明沉积物中 CH_4 的产生与 pH 关系不显著,而沉积物的 Eh 是影响 CH_4 产生的重要因素,进而影响到 CH_4 的排放通量。本书的研究中各个样品点的 pH 值大小均在符合适宜甲烷菌的生长范围内。有报道显示低 C、N 比(<10)的沉积物中甲烷的产出率比高 C、N 比的沉积物中的产出率大(Duc et al.,2010)。本书的研究中表层沉积物中 C∶N 的值均小于 10,表明本区域碳和氮的比例为甲烷生成提供了基础。然而,CH_4 产生能力与环境的厌氧条件、pH、氧化还原电位、有机质的分布等外在环境条件和理化性质的有一定的关系(Dan et al.,2004)。

沉积物中有机碳的存在和死亡浮游生物的增多导致水体缺氧,也可能导致碳的积累。城市化导致城市湖泊中甲烷浓度增加,使得城市湖泊中甲烷的含量约 100 倍大于郊区湖泊(Bellido et al.,2011)。本书中的研究表明两种湖泊的表层沉积物中甲烷含量在不同点位间差异较大;玄武湖的平均含量略大于太湖的。这些点位间的差异可能与清淤、蓝藻打捞等工程措施以及各位点的氧化还原状态和氧化物含量等有关。如在太湖中♯3、♯4 和♯5 取样点的甲烷含量较低,这可能是因为这些样品点的沉积物已经经过清淤(泥厚度小于 5 cm),如♯3 位于水厂附近,淤泥厚度不足 5 cm;♯2 点为芦苇种植区。而♯7 点位于梅梁湾围网未清淤处,具有较厚的沉积物(淤泥深度不小于 45 cm),其有机碳含量也较高。

Yang(2008)对中国台湾湖泊研究表明,湖泊底质的产 CH_4 量与湖水的 COD 和 BOD 含量存在正相关关系。湖泊 CH_4 的氧化过程在生态系统中是控制湿地 CH_4 排放的重要过程。藻类的增加有利于氧气的释放,从而增加 CH_4 的氧化概率。另外,部分 CH_4 氧化相关的微生物被认为是控制 CH_4 通量的重要因子(King,1992)。在好氧和厌氧环境中均能发生 CH_4 氧化。艾永平等

(2010)的研究结果表明 CH_4 排放与环境变量的整体关系:气温、水温和底泥温度与 CH_4 排放通量指数之间呈正相关,底泥温度与 CH_4 通量的相关指数最高;CH_4 排放通量与水体的 pH 有较弱相关性,与水体中的 TOC 和 BOD_5 具有一定的相关性。Darren 等(2012)分析了硫酸盐污染对湿地沉积物中厌氧生物化学循环的影响,发现 30 天的实验期内添加的硫都转化为了酸可挥发性硫化物(AVS),高浓度的硫中仅有少于 50% 的转化为 AVS;硫酸盐的添加影响了甲烷生成。不添加碳源的条件下,硫的增加降低了甲烷的生成;硫化物对氮有较小的影响,促进固体铁矿物质向溶解性铁离子的降低及磷的释放。研究中发现两个湖泊的表层沉积物的 AVS 在不同点位差异表较大;CEC 的变化相对较小。在厌氧环境中,一些可选择性电子受体如 SO_4^{2-}、Fe^{3+}、NO_2^- 和 NO_3^- 可以被硫酸盐(铁)还原细菌和反硝化细菌所利用。这些代谢基团的存在使得甲烷菌利用 H_2 和乙酰根。

对玄武湖表层沉积物的 PCA 分析结果显示,第一组分主要为水深、含水率、有机质含量、总氮、甲烷含量和水-气界面甲烷交换通量;第二组分以总磷和 pH 为主;第三组分主要为 AVS、pH、CEC。太湖表层沉积物含水率、总氮、总有机碳和水-气界面甲烷含量等指标主要分布在第一组分上,而 pH、总磷、AVS、CEC 和甲烷主要分布在第二组分上。除甲烷在太湖表层沉积物样品中更接近于第二组分外,各指标在两个湖泊表层沉积物样品中的主成分分析结果比较类似。表层所产生的甲烷可能被氧化是一方面;另一方面甲烷可能来自深层或扩散到上覆水内。有研究显示,沉积物中甲烷的产生主要在表层沉积物 6 cm 深度以下(Murase 和 Sugimoto et al.,2001)。这些结果也表明,这些因素对甲烷的传递和降解有影响。

3.4.2 表层沉积物中甲烷含量与间隙水中其他指标间的潜在关系

沉积物通常处于厌氧/缺氧状态下,会导致一些还原性物质的累积,比如亚铁离子和硫化氢,以及导致铵和正磷酸盐的释放,从而增强富营养化(Boström et al.,1988;Ahlgren et al.,1994)。研究结果显示营养物质的含量在不同位点差异较大。事实上,有机废弃物的厌氧消化过程,其实是各种各样的酶主导的生物化学反应过程,而这些酶的活性通常会受到各种环境因素,尤其是金属离子浓度的影响。Fe、Ni 和 Mo 等金属元素是甲烷菌生存的必需元素(Boyd et al.,2003;Roden 和 Wetzel,2003)。马素丽等(2011)发现 Fe^{2+} 影响太湖蓝藻厌氧消化过程中相关酶活性,其含量的增加能够促进甲烷的产生。金属离子对酶活性的影响包括:激活作用和抑制作用。作为一种重要的金属离子,Fe^{2+} 是多种酶的激活剂。

另外,有研究表明,在氮限制性湖泊中,春季和夏季甲烷的产量与磷、氮和铁的相关度较高,而在磷限制性湖泊中相反,甲烷产量与氮和铁相关度不高(Ojala et al.,2011)。另外,磷限制性湖泊中,也可能有氮限制、铁限制因素存在(Vrede 和 Tranvik,2006)。本书中的两种湖泊不存在上述限制因素,因而不同点位表层沉积物的间隙水中 Fe 和 Mn 的溶解性离子的含量在不同点位间也有较大的变化,表明两个湖泊的不同点位氧化还原状态和硫化物的含量具有较大的差异,这些因素可能对甲烷的产生和释放有重要的影响。

多组分分析结果显示,玄武湖表层沉积物间隙水各指标总体分为三个组分,氨、正磷酸盐、镍和甲烷主要在第二组分上,铁和水-气界面甲烷通量在第三组分上;太湖的各指标中,Mn、Mg 和甲烷主要在第二组分,Ni 和水-气界面甲烷通量主要在第三组分。这些结果显示锰和铁的含量与甲烷的含量与变化可能比较密切。

3.4.3 垂向沉积物中甲烷含量与沉积物中其他指标间的潜在关系

研究的结果显示,两个湖泊中甲烷的浓度在表层沉积物中容易受到多种理化指标的因素影响。甲烷浓度在表层(0～6 cm)明显比深层的要低(表 3-5 和 3-6)。事实上,较高浓度的甲烷在垂向沉积物中分布在 6 cm 深度以下的地方,这里的有机物质含量通常低于表层(Murase and Sugimoto,2001)。有研究显示甲烷的释放量范围从表层 5 cm 处的 6.1 mg·m^{-2}·h^{-1},到 20～30 cm 处的 2.6 mg·m^{-2}·h^{-1};沉积物中甲烷的总体释放率为 19.9 mg·m^{-2}·h^{-1},甲烷菌对乙酸的利用率比对氢的利用率高出 1～2 个数量级(Lay et al.,1996)。Dan 等(2004)研究显示,表层沉积物甲烷的释放率比深层(5～10 cm)处沉积物中的要高。且甲烷在表层的释放主要以生物合成为主。沉积物中前 20 cm 的沉积物中微生物活性比 20～30 cm 处沉积物中的要高,而氢利用型甲烷菌的数量比沉积物中乙酸利用型甲烷的数量要小(Lay et al.,2009)。

也有研究显示,甲烷生成抑制剂能够明显抑制表层甲烷的生成,而对深层的甲烷含量没有太大影响。同位素标记分析发现 5～10 cm 沉积物中的甲烷是由以前的微生物作用产生的。这些甲烷被矿物质表面吸附以及被外界压力贮存在间隙水中(Dan et al.,2004)。固体物质吸附的甲烷可以通过高压提取。在 5 cm 以下,生物活性引起的甲烷生产停滞与可利用的氢含量较低有关(Dan et al.,2004)。另外,微生物间的竞争也影响甲烷菌群的数量和结构,比如在 S^{2-}、Fe^{2+}、Mn^{2+} 等还原态离子存在的时候,由于硫化菌热力学上效率更高的反应将优先进行,因而抑制了产甲烷菌的活动。从沉积物到上覆水和空气的传递过程中,甲烷还容易被各种因素影响或者被氧化消耗。

本书中研究的多组分分析结果显示,玄武湖的水分含量、pH、总氮和总有机质含量主要在第一组分上,而甲烷和总磷主要在第二组分上;然而太湖的各个指标均在同一组分上。说明这些指标和甲烷的含量具有较高的相关性。研究结果显示垂直方向上 OM、pH 和 TN 的含量呈现递减趋势,这一结果在某种程度上与已有研究结果一致,如 Ye 等(2009)和 Zeng 等(2009)。Gebert 等(2006)的结果显示,河流沉积物中甲烷的形成与总氮和有机质具有较高的相关性。总体上来讲这些结果支持已有的结论,即主成分分析方法在分析淡水沉积物中生物地球化学碳循环中具有较高的优势。

与本书研究相似,Bellido 等(2011)发现沉积物中 TN、TP、Fe 在表层的含量高于底层。Leonardo 等(2012)对 3 个浅水中度富营养化湖泊边缘垂直沉积物进行了分析,研究外来物质输入对沉积物中甲烷浓度、有机质含量、总碳、总氮和总磷的影响。他们发现表层沉积物中含有较高浓度的有机质、总碳、总氮和总磷,并认为外源有机质的累积强化了沉积物的垂向特征,有助于沉积物甲烷浓度的增加。而本书研究的太湖在上游有众多入湖河流,太湖入湖年水量约 $9 \times 10^9 \text{ m}^3$,碳源大多以输入性来源为主。

3.5 本章小结

• 本章对表层沉积物中的甲烷含量、pH、总氮、总磷、有机质含量、可挥发性硫化物、阳离子交换容量及粒径进行了分析，发现两个湖泊的表层沉积物的粒径、pH、总氮和含水率等指标影响不大；主成分分析结果显示，除甲烷在太湖表层沉积物样品中更接近于第二组分外，各指标在两个湖泊表层沉积物样品中的主成分分析结果比较类似，表明两个湖泊中甲烷的含量与其他指标间的关系有一定的差异。

• 对表层沉积物间隙水中总氮、氨氮、总磷、正磷酸盐和金属离子 Mn、Zn、Fe、Ni、Cu 和 Mg 等指标进行了主成分分析，发现这些指标中玄武湖表层沉积物间隙水各指标总体分为三个组分，氨、正磷酸盐、镍和甲烷主要在第二组分上，铁和水-气界面间甲烷通量在第三组分上；太湖的各指标中 Mn、Mg 和甲烷主要在第二组分，Ni 和水-气界面间甲烷通量主要在第三组分。

• 两个湖泊垂向沉积物中，表层(0~6 cm)的甲烷浓度均明显比深层(6~21 cm)的要低。pH、TP、TN 和 OM 含量等指标也随着深度变化有所降低。主成分分析结果显示，玄武湖的水分含量、pH、总氮和总有机质含量主要在第一组分上，而甲烷和总磷主要在第二组分上；然而太湖的各个指标均在同一组分上。

第四章
沉积物中酶活性及细菌的垂向分布特征

4.1 引言

表层沉积物是水体-沉积物进行物质和能量交换的重要界面,通常具有较高含量的氧气、氧化物质以及大分子等通常不能够被甲烷菌所利用的有机物质。然而,在表层沉积物下方,随着深度的增加,氧气和氧化物质的含量逐步降低,由氧化态逐步进入还原态,由好氧状态变为缺氧和厌氧状态,有机物质也通常被细菌氧化成小分子的物质。这些物质的变化与沉积物中微生物的活性及其分泌的酶类有很大关系。这些酶的包括纤维素酶、过氧化氢酶、脲酶和蔗糖酶等。分析这些酶的活性变化有利于了解这些物质在沉积物中的转化情况。

甲烷的产生主要通过微生物作用,其是大气甲烷释放的主要来源,贡献程度约占总量的 65%(Conrad,2009)。甲烷菌属于严格厌氧微生物,其主要存在于沉积物和具有厌氧环境的颗粒物中。甲烷菌包含有多个属,其分布范围和特点也有较大差异。由于甲烷菌培养周期较长,对环境的要求较为苛刻,利用 PCR 扩增技术分析甲烷菌的变化规律,具有较大的优势。

因此,为较为全面地理解太湖及玄武湖甲烷产生的内在机理,研究甲烷菌的分布范围,本章节内容将在前文的基础上,以太湖和玄武湖的垂向沉积物为对象,分析其底泥酶活性变化规律,利用实时定量 PCR 技术深入分析不同菌种类型在沉积物中的分布范围、含量变化特征,为分析甲烷产生机制提供信息。

4.2 材料与方法

4.2.1 沉积物取样点

取样点描述同第三章,分析对象为垂向沉积物。

4.2.2 沉积物中代谢相关酶类物质的活性变化特征

(1) 脲酶的测定

① 试剂配制

pH 6.7 柠檬酸盐缓冲液:称取 134 g 柠檬酸溶于 300 mL 蒸馏水中,另取 147.5 g 氢氧化钾溶于水,再将两种溶液合并,最后用 1 N 的氢氧化钠将 pH 调至 6.7,并用水稀释至 1 L;苯酚钠溶液:称取 62.5 g 苯酚溶于少量乙醇中,加 2 mL 甲醇和 18.5 mL 丙酮,然后用乙醇稀释至 100 mL(A 液),保存在冰箱中。称 27 g 氢氧化钠溶于 100 mL 水中(B 液),保存在冰箱中。使用前,取 A、B 两液各 20 mL 混合,并用蒸馏水稀释至 100 mL,备用;次氯酸钠溶液:用水稀释制剂,至活性氯的浓度为 0.9%,溶液稳定;10% 的尿素液;氮的标准溶液:精确称取 0.471 7 g 硫酸铵溶于水并稀释至 1 000 mL,则得每 1 mL 含有 0.1 mg 氮的标准液,绘制标准曲线时,可将此液稀释 10 倍用。

② 标准曲线的绘制

取稀释的标准液 0、1、2、3、5、8、12、15 mL,分别移到 50 mL 容量瓶中,然后加蒸馏水至 20 mL。再加 4 mL 苯酚钠和 3 mL 次氯酸钠溶液,20 min 后显色,定容。1 h 内在分光光度计上在 578 nm 处比色,根据光密度值和溶液浓度绘制标准曲线。

(2) 蔗糖酶的测定

① 溶液配制

3,5-二硝基水杨酸溶液:称 0.5 g 二硝基水杨酸,溶于 20 mL 2 N 的氢氧化钠和 50 mL 水中,再加 30 g 酒石酸钾钠,用水稀释至 100 mL(不超过 7 天);pH 5.5 磷酸缓冲液:1/15M 磷酸氢二钠(11.867 g $Na_2HPO_4 \cdot H_2O$ 溶于 1 L 蒸馏水中)0.5 mL 加入 1/15 M 磷酸二氢钾(9.078 g KH_2PO_4 溶于 1 L 蒸馏水中)9.5 mL 即成;8% 蔗糖溶液。标准葡萄糖溶液:将葡萄糖先在 50~58℃ 条件下真空干燥至恒重。然后取 400 mg 溶于 100 mL 水中(还原糖 4 mg·mL^{-1}),即成标准葡萄糖溶液。再用标准液制成 1 mL 含 0.01~0.5 mg 葡萄糖的工作溶液。取 0、0.1、0.4、0.8、1.6、3.2、4 mg·mL^{-1} 溶液制作标准曲线。

② 操作步骤

称1 g风干沉积物,置于10 mL离心管中,注入3 mL 8%蔗糖溶液,1 mL pH 5.5磷酸缓冲液和1滴甲苯(大约50 μL)。摇匀混合后,放入恒温箱在37℃下培养24 h。到时取出,迅速离心。从中吸取上清液1 mL,注入50 mL比色管中,加3 mL 3,5-二硝基水杨酸,并在沸腾的水浴锅中加热5 min,随即将容量瓶移至自来水流下冷却3 min。溶液因生成3-氨基-5-硝基水杨酸而呈橙黄色,最后用蒸馏水稀释至50 mL,并在分光光度计上于波长508 nm处进行比色。为了消除土壤中原有的蔗糖、葡萄糖引起的误差,每一土样需做无基质对照,整个试验需做无土壤对照。

(3) 蒽酮比色法测纤维素酶

① 试剂配制

1%羧甲基纤维素溶液(难溶解,需要提前一天配制);pH 5.5醋酸盐缓冲液:0.2 M醋酸原液11.55 mL加水稀释至1000 mL,16.4 g醋酸钠或者27.22 g三水合醋酸钠,加少量水溶解后,加水稀释至1 000 mL。9 mL 0.2 M醋酸钠和1 mL 0.2 M醋酸混合配制成pH 5.5醋酸盐缓冲液;铝钾矾(十二水和硫酸铝钾);蒽酮试剂:0.2%蒽酮溶液(用95%浓H_2SO_4配制):往5 mL水中加入100 mL浓H_2SO_4,冷却后加入200 mg蒽酮,于冰上放置4 h。试剂不稳定,需用前配制;标准葡萄糖溶液(每1 mL标准液含10~200 μg葡萄糖。

② 标准曲线绘制

分别取不同浓度标准的葡萄糖溶液2.5 mL移于耐热试管中,将试管放置在冰上,缓慢加5 mL蒽酮试剂,摇匀后沸水浴加热10 min,加热前于试管口放一小玻璃球。取下冷却后,于分光光度计580 nm处比色测定。以光度密度值为纵坐标,以葡萄糖浓度为横坐标,绘制标准曲线。

③ 操作步骤

取2 g沉积物置于10 mL离心管中,0.3 mL甲苯处理后加3.6 mL醋酸盐缓冲(pH 5.5)。15 min后再加入1 mL 1%羧甲基纤维素溶液,再加2 mL水,然后将三角瓶放在37℃恒温箱中,培养72 h。培养结束后,将瓶加热至100℃以终止反应。为使未水解的羧甲基纤维素絮凝和沉淀,再加入0.08 g铝钾矾,离心后再移至 50 mL 比色管中定容。取 2.5 mL 该溶液移于耐热试管中加 5mL 蒽酮试剂(加入时需扰动试管内液体,否则生成絮状物需要强力震荡消除,而试管无法密闭,震荡较难实现),再按绘制标准曲线的步骤方法进行比色,每一试验处理均应设置以 5 mL 水代替基质的对照,为检验试剂纯度应设无沉积物的对照。纤维素酶活性,以 72 h 后 2 g 沉积物生成的葡萄糖的毫克数表示,每个毫克数为一个单位。

④ 过氧化氢酶实验步骤

取 5 g 沉积物样品于 100 mL 三角瓶中(用不加土样的作为空白对照),加 0.5 mL 甲苯,摇匀,于 4℃冰箱中放置 30 min。取出后立刻加入冰箱储存的 3% H_2O_2 水溶液,充分混匀后,再置于 4℃冰箱中放置 1 h。取出后迅速加入冷藏的 2 mol H_2SO_4 25 mL,摇匀,过滤。取 1 mL 滤液,用 0.05 mol·L^{-1} 的 $KMnO_4$ 滴定。根据对照结果,求出相当于分解 H_2O_2 的量所消耗的 $KMnO_4$。酶活性以每 1 克沉积物 1 h 内消耗的 0.1 mol·L^{-1} $KMnO_4$ 体积为 1 个单位表示。

4.2.3 沉积物的处理及 DNA 提取与纯化

(1) 取 0.5 g 泥样样品于含磨珠的 2 mL Eppendorf 塑料管中。

(2) 加入 CTAB 核酸抽提液 0.5 mL (10% CTAB,0.7 M NaCl,240 mM 磷酸钾缓冲液),0.5 mL 酚/氯仿/异戊醇(25∶24∶1, V∶V),混合样品置于 FastPrep FP120 bead beating system(美国 Bio-101 公司)中,于 5.5/s 下裂解 30 s(或分两次振荡,每次 20 s),水相中包含核酸,16 000 g 4℃离心 5 min。

(3) 吸取上清液转入洁净的 2 mL Eppendorf 管中,用等体积氯仿/异戊醇(24∶1)抽提,16 000 g 4℃离心 5 min。

(4) 吸取上清液转入洁净的 1.5 mL Eppendorf 管中,加入 2 倍体积的无水乙醇和 1/10 体积的 3 mol 乙酸钠,-20℃放置过夜,18 000 g 4℃离心 10 min。

(5) 沉淀用 70%冷乙醇洗涤,空气干燥后溶于无菌超纯水。

(6) 为降解提取 DNA 样品中的 RNA,25 μL 核酸混合粗提物中加入 RNase A 至终浓度为 100 μdmL^{-1},37℃水浴 10 min,冷却至室温后可直接用于PCR扩增或-20℃保存。

4.2.4 实时定量PCR条件优化与分析

为了分析沉积物中甲烷菌的结构组成特征,研究采用了Yu等(2005)设计的甲烷菌甲烷杆菌目Methanobacteriales(MBT)、甲烷球菌目Methanococcales(MCC)、甲烷微菌目Methanomicrobiales(MMB)和甲烷八叠球菌目Methanosarcinales(MSL)、甲烷八迭球菌属Methanosarcinaceae(MSC)和甲烷鬃菌科Methanosaetaceae(MST)的引物进行了分析。这些引物通常用于分析和定量厌氧生物过程和多种环境中产甲烷菌属水平。另外,引物组ARC787F/ARC1059R及BAC338F/BAC518R分别用于定量分析古细菌和细菌在沉积物中的水平。

为了进行定量PCR分析,一个用50 μL反应体系进行了扩增。其中包括:25 μL real-time PCR iQ SYBR Green SMX reagents (Bio-RAD),1 μL目标产物的引物(最终浓度,500 mM),2 μL模板DNA和22 μL PCR级去离子水。实时定量PCR反应在MiniOpticon Real-Time PCR反应仪里面进行,使用CFX manager software (Bio-RAD)进行监测。

实时定量PCR反应过程使用三步扩增法,在温度95.0℃下进行4 min预变性后,进行44个循环,反应循环条件为:94℃下变性10 s,55.0℃下退火30 s(进行实时Plate Read),在72.0℃下延伸30 s。为了评估反应引物的特异性,对反应后的PCR产物进行了溶解性分析,分析温度范围为50℃至95℃。每0.5℃读一次盘。在150 V下对PCR产物进行1.0%琼脂糖凝胶电泳分析15 min。

标准曲线的制作:使用纯化后的PCR产物,并将其连接到pGEM-T © Easy Vector (Promega,WI,U.S.A.)上,然后进行转化,将质粒导入大肠杆菌中。将具有抗氨苄西林的白色克隆进行纯化和培养。选取的克隆进行克隆PCR,结果为阳性的细菌质粒用作标准曲线的制作。经过10倍梯度稀释的包含基因片段的质粒,稀释范围从1.0×10^2到1.0×10^9 copies/PCR。仅当曲线方程的相关系数值大于0.98后,用于定量分析的标准曲线的绘制。所用的样品进行三次重复的PCR。

4.2.5 甲基辅酶 M 还原酶 alpha 亚基（mcrA）的克隆及进化树分析

具体分析步骤如下（表 4-1）。

（1）以 ME1 和 ME2 为引物，以太湖梅梁湾 9~12 cm 层沉积物的 DNA 为模板，进行 PCR 扩增，并以第一次的 PCR 产物为模板进行第二次扩增。

（2）当 PCR 扩增产物达到一定浓度后，进行紫外定量和凝胶电泳定性分析。

（3）载体连接反应液配制：取一定量的 PCR 片段，1 μL 的 50 mg·L^{-1} pGM-T 载体，1 μL 10×T4 DNA 缓冲液，1 μL 3U μL^{-1} T4 DNA 连接酶，用无菌去离子水补足到 10 μL。

（4）将连接体系混合，短暂离心后将反应混合液置于 22~26℃ 水浴反应 1~2 h，反应结束后，将离心管置于冰上。

表 4-1　本研究中所使用的引物（Yu et al., 2005）

target group	Primer Name	Sequence (5'→3')	Tm (℃)	大小 (bp)
Methanobacteriales	MBT857F	CGWAGGGAAGCTGTTAAGT	60.7	343
	MBT1196R	TACCGTCGTCCACTCCTT	63.2	
Methanococcales	MCC495F	TAAGGGCTGGGCAAGT	60.4	337
	MCC832R	CACCTAGTYCGCARAGTTTA	61.6	
Methanomicrobiales	MMB282F	ATCGRTACGGGTTGTGGG	63.8	506
	MMB832R	CACCTAACGCRCATHGTTTAC	61.5	
Methanosarcinales	MSL812F	GTAAACGATRYTCGCTAGGT	61.3	354
	MSL1159R	GGTCCCCACAGWGTACC	62.3	
Methanosarcinaceae	Msc380F	GAAACCGYGATAAGGGGA	61.2	408
	Msc828R	TAGCGARCATCGTTTACG	59.9	
Bacteria	BAC338f	TCCTACGGGAGGCAGCAG	56	182
	BAC518r	ATTACCGCGGCTGCTGG	56	
Archea	ARC787F	ATTAG ATACC CSBGT AGTCC	56	279
	ARC1059R	GCCAT GCACC WCCTC T	56	
mcrA[a]	ME1	GCMATGCARATHGGWATGTC	50	50
	ME2	TCATKGCRTAGTTDGGRTAGT	50	

[a] 表示甲烷合成基因；a indicates the methogenesis gene.

(5) 转化培养平板的制备:向铺好含有氨苄抗生素的固体琼脂平板表面加入 16 μL IPTG(50 mg·μL^{-1})、40 μL 的 X-gal (20 mg·mL^{-1}),使用无菌的玻璃涂布棒将其均匀涂开,避光置于 37℃放置 1~3 小时,使溶解 X-gal 的二甲基甲酰胺挥发干净。

(6) 转化:取部分连接产物加到 50~100 μL TOP10 感受态细胞中(感受态细胞应刚从 -70℃冰箱中取出放在冰上,待刚刚解冻时加入连接产物,连接产物的加入量不超过感受态细胞体积的十分之一),轻弹混匀。混合物放在冰上 30 min 后,立即放置于 42℃下水浴 90 s,取出后立即放于冰上 2~3 min,其间不要摇动离心管。

(7) 预备培养:向离心管中加入 250~500 μL 37℃预热的 SOC 或 LB(不含抗生素)培养基,150 rpm、37℃震荡培养 45 min。目的是使质粒上相关的抗性标记基因表达,使菌体复苏。

(8) 涂平板:将离心管中的菌液混匀,吸取 100 μL 加到含抗生素的 SOC 固体培养基上,用无菌的涂布玻璃棒将细胞均匀涂开。待平板表面干燥后,倒置平板,37℃培养 12~16 h。

(9) 将得到的白色菌落接种到 5 mL LB(含有终浓度为 50~100 μg·mL^{-1} 的氨苄西林)培养基,37℃摇床震荡培养过夜,保存菌种后提取质粒,应用 PCR 方法鉴定插入片段是否正确,或者挑取白色克隆直接利用 M1-M2 进行 PCR 检测。

(10) 序列测定:对阳性克隆进行提取质粒后,使用 T7-SP6 引物进行 PCR 扩增,获取高浓度的 PCR 产物后送往上海生工公司测序。

(11) 序列测定后,根据 DNA 序列信息,在 NCBI 网站上进行 BLAST 分析,对序列信息进行定性。

(12) 利用 Mega 5.0 软件进行进化树分析。

4.2.6 数据处理

上述指标的数据,均取 3 个平行样,对平行样产生 3 个数据,并进行统计分析。每个指标取平均值和标准差。沉积物的不同参数主要采用软件 SPSS13 进行分析。

4.3 结果与分析

4.3.1 沉积物中相关酶活性变化规律

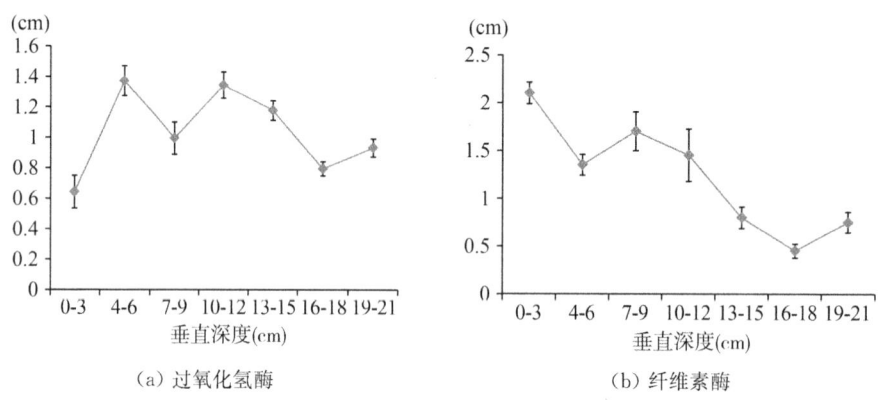

(a) 过氧化氢酶 (b) 纤维素酶

图 4-1　玄武湖沉积物中过氧化氢酶和纤维素酶活性变化

如图 4-1(a)所示玄武湖沉积物中过氧化氢酶的活性变化在表层上总体低于底层,其活性在 4～6 cm 和 10～15 cm 相对较高,但是在不同片层其活性变化没有一致规律。纤维素酶的活性变化(图 4-1b)总体上随着垂直深度的增加而逐步下降。

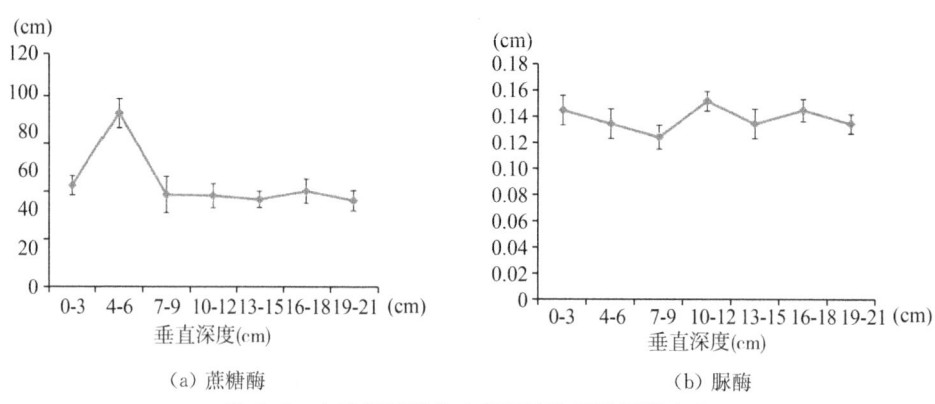

(a) 蔗糖酶 (b) 脲酶

图 4-2　玄武湖沉积物中蔗糖酶和脲酶活性变化

图 4-2 显示了玄武湖沉积物中蔗糖酶和脲酶的垂向变化趋势。蔗糖酶(图 4-2a)的活性在 4～6 cm 处最高,约是其他层的 2 倍,然而在 7～21 cm 处,

该酶的活性变化不大,与表层 0～3 cm 处的沉积物活性相当。图 4-2(b)显示了玄武湖沉积物脲酶的活性在垂直方向上变化不大。

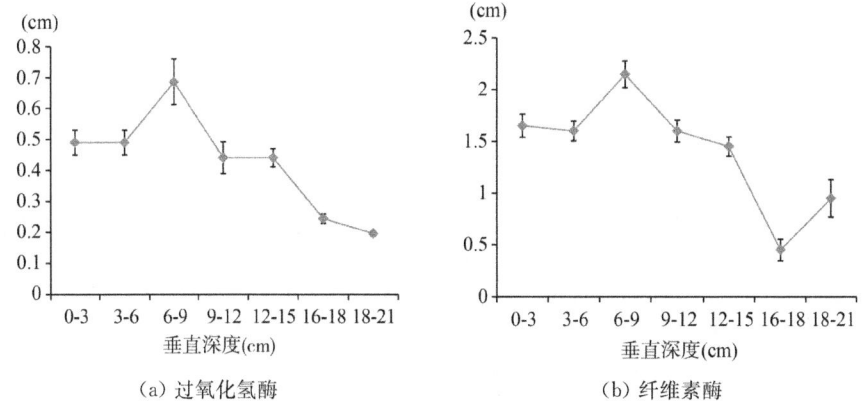

（a）过氧化氢酶

（b）纤维素酶

图 4-3　太湖沉积物中过氧化氢酶和纤维素酶活性变化

研究以太湖梅梁湾的柱状沉积物为对象,分析了过氧化氢酶活性(图 4-3a)的垂向变化规律,发现其 0～6 cm 处活性变化不大,而在 6～9 cm 处活性最强,随着深度的增加其活性也随之下降,在 16～21 cm 处,其活性明显低于 0～15 cm 处沉积物。梅梁湾沉积物中纤维素酶的变化与过氧化氢酶的变化相似,在 6～9 cm 处活性最强,随着深度的增加其活性也随之下降,在 16～21 cm 处,其活性明显低于 0～15 cm 处沉积物,其中在 16～18 cm 处最低。

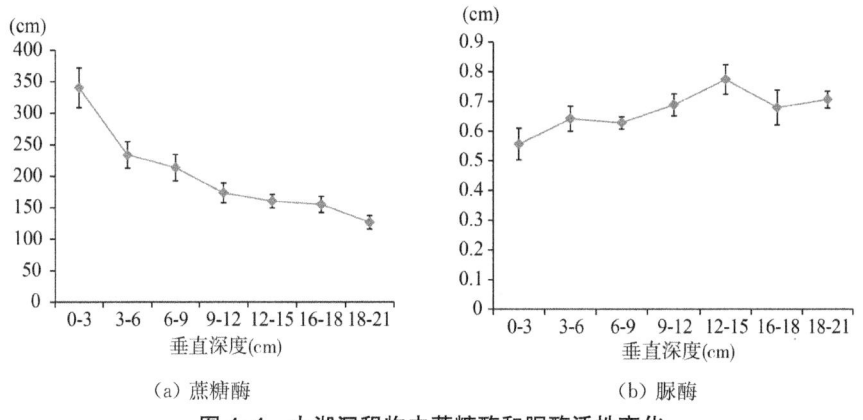

（a）蔗糖酶

（b）脲酶

图 4-4　太湖沉积物中蔗糖酶和脲酶活性变化

图 4-4 显示了太湖梅梁湾沉积物中蔗糖酶和脲酶的垂向变化规律。蔗糖酶的活性随着沉积物深度的增加而逐步降低,在 18～21 cm 处达到最低值,约

为 0~3 cm 处活性的一半。脲酶的活性与蔗糖酶活性的变化趋势相反,其活性变化随着深度的增加而呈现升高趋势,在 12~15 cm 处达到最高值,比 0~3 cm 处增加了 45%。

4.3.2 实时定量 PCR 效果分析

研究所使用的引物结合 Taqman 探针虽然已经成功应用于反应器、污水处理系统中,但是使用 SYBE green 染料进行分析的效果需要进一步鉴定。如图所示,使用细菌、古细菌、Methanobacteriales、Methanococcales、Methanomicrobiales、Methanosarcinales、Methanosarcinaceae 和 Methanosaetacea 的特异探针对玄武湖的沉积物进行了扩增,结果显示这些引物均能够在 30 个循环内达到荧光检测限制阈值。对这些扩增产物进行了溶解曲线分析,发现这些引物的扩增产物在 50~90℃范围内逐步解链,荧光强度也逐步降低。

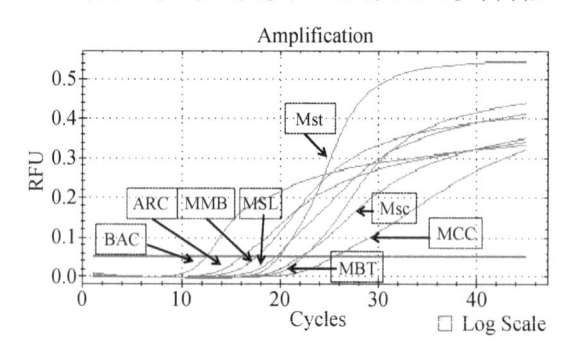

(a) 样品在 45 个循环内的荧光值变化趋势

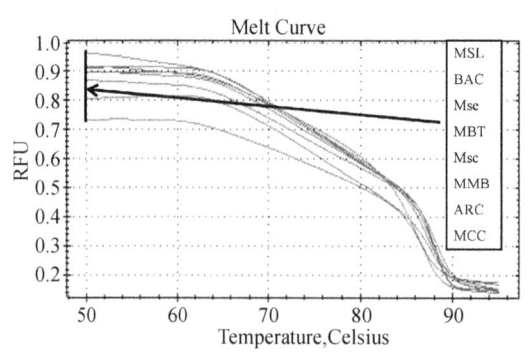

(BAC, bacterial; ARC, Archaea; MBT, Methanobacteriales; MCC, Methanococcales; MMB, Methanomicrobiales; MSL, Methanosarcinales; Msc, Methanosarcinaceae; Mst, Methanosaetacea)

(b) PCR 产物在 50℃~95℃之间的溶解曲线变化趋势图

图 4-5 实时定量 PCR 分析玄武湖 A 点沉积物垂向分布的 9~12 cm 中细菌、古细菌和甲烷群体

如图 4-6(a)所示,对上述产物的溶解峰值进行了分析,发现这些产物的溶解峰大都出现在 80～90℃之间,且都有一个峰值,说明这些产物具有较好的特异性。为了进一步确定这些产物的变化值,我们对 PCR 产物进行了琼脂糖凝胶电泳分析,发现产物具有较高的特异性,扩增长度在 180～500 bp 范围内,其大小均与目标产物的大小相一致。

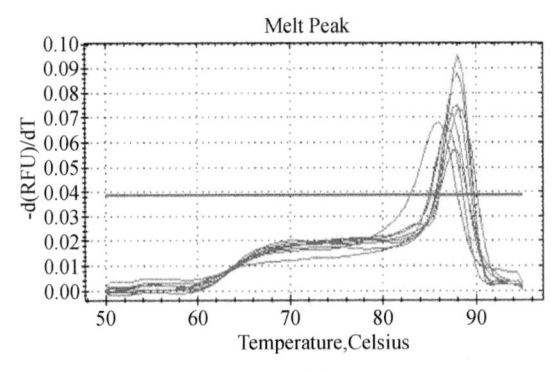

(a) PCR 产物在 50～95℃范围内的溶解峰值检测效果

(b) PCR 扩增产物在 1.0%(w/v)琼脂糖凝胶电泳中的大小及特异性检测图

图 4-6　PCR 扩增特异性检测效果

4.3.3　沉积物中细菌和古细菌的垂直变化规律

表 4-2 显示了玄武湖沉积物中总细菌的 16S rRNA 基因的拷贝数在 $2.44×10^9$～$27.41×10^9$ 拷贝每克干沉积物之间,其中在表层 0～3 cm 的检出含量最低,在 9～21 cm 处的检出含量比 0～9 cm 处的高。古细菌的 16S rRNA 基因的拷贝数在 $4.84×10^8$～$17.71×10^8$ 之间;其最低值在 3～6 cm 处,含量为 $4.84×10^8$,最高值为 15～18 cm 处的 $17.71×10^8$。

表 4-2 玄武湖 A 取样点沉积物中细菌、古细菌和甲烷菌的 16S rRNA 基因和甲烷合成基因的垂向分布规律

Name[a] (×n)[β]	Sediments (copies g^{-1} wet weight)[γ]						
	0~3 cm	3~6 cm	6~9 cm	9~12 cm	12~15 cm	15~18 cm	18~21 cm
BAC(×10^9)	2.44±0.76	7.71±2.99	8.77±1.34	16.4±5.42	27.41±3.13	22.73±0.74	15.86±0.44
ARC(×10^8)	9.53±0.92	4.84±0.37	12.74±1.09	9.91±1.078	6.53±0.94	17.71±4.13	7.47±0.48
MBT(×10^4)	8.54±0.65	0.43±0.04	18.1±2.31	4.67±0.94	2.43±0.43	4.96±0.65	0.78±0.12
MCC(×10^3)	NT	NT	1.37±0.15	12.21±4.3	82.70±7.2	38.5±5.52	1.69±0.19
MMB(×10^6)	8.37±0.67	2.94±0.43	23.9±3.42	43.37±7.33	20.65±0.21	7.36±0.42	2.73±1.03
MSL(×10^6)	8.21±0.94	4.16±0.43	45.3±5.73	43.52±2.42	76.89±6.6	43.81±4.21	7.38±0.74
Msc(×10^5)	0.73±0.06	0.54±0.05	6.32±0.44	3.02±0.23	2.02±0.18	2.02±0.31	1.32±0.34
Mst(×10^6)	0.35±0.27	0.93±0.08	4.08±0.51	31.49±4.71	18.75±0.79	9.37±0.83	1.99±0.32
mcrA(×10^4)	NT	0.67±0.21	1.74±0.22	4.72±1.11	6.11±0.77	0.43±0.01	0.36±0.13

注：[α]BAC，bacterial；ARC，Archaea；MBT，Methanobacteriales；MCC，Methanococcales；MMB，Methanomicrobiales；MSL，Methanosarcinales；Msc，Methanosarcinaceae；Mst，Methanosaetaceae.
[β]拷贝数数值 ×n；
[γ]NT 表明样品中该基因的拷贝数低于检出限。

太湖梅梁湾的总细菌 16S rRNA 基因的拷贝数在不同沉积物内变化相对较大,在 3～6 cm 处的含量最低,为 11.22×10^9 拷贝每克湿沉积物;在 12～15 cm 处的含量最高,约为 19.74×10^9 拷贝每克湿沉积物。而古细菌的变化在 3～6 cm 处为 0.11×10^8 拷贝每克湿沉积物,在 9～12 cm 处为 17.44×10^8 拷贝每克湿沉积物。

4.3.4 不同甲烷类型的分布规律

如表 4-2 所示,玄武湖沉积物中 MBT(Methanobacteriales)的拷贝数在不同层变化也不一致,其中在 3～6 cm 处的拷贝数含量最低,为 0.43×10^4 拷贝每克湿沉积物;在 6～9 cm 处最高,为 18.10×10^4 拷贝每克湿沉积物。MCC 的变化较大,其中在 0～6 cm 处的检测量较低,低于检出限;而在 6 cm 以下逐步升高,在 12～15 cm 处达到最高值,82.70×10^3 拷贝每克湿沉积物。MMB 类在所有的分层中都得到检出,其中在 9～15 cm 处出现的丰度高于其他点位,在 $20.65\times10^6\sim43.37\times10^6$ 拷贝每克湿沉积物范围内。MSL 的拷贝数在 $4.16\times10^6\sim76.89\times10^6$ 拷贝每克湿沉积物之间,其主要分布于 6～18 cm 范围内。Msc 和 Mst 属于 MSL 属,两者含量有所差别。Msc 主要在 $0.54\times10^5\sim6.32\times10^5$ 范围内,总体上是表层 6 cm 内该基因的拷贝数含量比 6～21 cm 处的低。Mst 的变化范围在 0.35×10^6 和 31.49×10^6 之间。

太湖梅梁湾沉积物中 MBT 16S rRNA 基因拷贝数变化范围为 $0.32\times10^4\sim7.42\times10^4$ 拷贝每克湿沉积物,其总体上分布在 6～15 cm 处。MCC 的 16S rRNA 基因的变化在 $0.32\times10^3\sim2.11\times10^3$ 拷贝每克湿沉积物范围内。MMB 的 16S rRNA 基因拷贝数变化范围在 $0.02\times10^6\sim1.72\times10^6$ 拷贝每克湿沉积物范围内,其丰度在底层明显低于表层。MSL 的 16S rRNA 基因拷贝数在不同点位差异较大,在 9～12 cm 处的浓度最高,为 54.12×10^6 拷贝每克湿沉积物,在 18～21 cm 处的浓度最低。Msc 的拷贝数在 $0.37\times10^5\sim6.24\times10^5$

表4-3　太湖梅梁湾沉积物中细菌、古细菌和甲烷菌的16S rRNA基因和甲烷合成基因的垂向分布规律

Name[a] ($\times n$)[β]	Sediments (copies g^{-1} wet weight)[γ]						
	0~3 cm	3~6 cm	6~9 cm	9~12 cm	12~15 cm	15~18 cm	18~21 cm
BAC($\times 10^9$)	12.47±0.79	11.22±0.23	11.41±0.37	11.32±0.72	19.74±0.32	11.77±0.66	12.11±0.64
ARC($\times 10^8$)	2.32±0.33	0.11±0.04	1.08±0.01	17.44±1.21	8.42±0.97	5.11±0.79	0.96±0.21
MBT($\times 10^4$)	1.33±0.31	1.43±0.52	5.31±0.37	7.42±1.22	6.97±1.31	0.79±0.29	0.32±0.23
MCC($\times 10^3$)	0.92±0.04	0.39±0.11	0.78±0.41	1.11±0.22	2.11±0.44	0.79±0.11	0.32±0.07
MMB($\times 10^6$)	1.72±0.93	1.54±0.21	1.43±0.31	1.57±0.32	0.22±0.03	0.07±0.01	0.02±0.00
MSL($\times 10^6$)	17.31±1.29	10.24±1.33	14.21±1.46	54.12±11.31	14.21±5.79	8.72±2.21	7.24±3.29
Mssc($\times 10^5$)	0.74±0.25	6.23±1.22	4.71±0.79	6.24±7.71	1.33±0.21	0.74±0.32	0.37±0.14
Mst($\times 10^6$)	0.42±0.03	1.33±0.42	1.12±0.23	0.65±0.12	0.21±0.01	NT	NT
mcrA($\times 10^4$)	NT	NT	0.32±0.13	3.72±2.44	3.17±1.32	1.17±0.29	0.11±0.05

注：[a]BAC, bacterial; ARC, Archaea; MBT, Methanobacteriales; MCC, Methanococcales; MMB, Methanomicrobiales; MSL, Methanosarcinales; Mssc, Methanosarcinaceae; Mst, Methanosaetaceae.
[β]拷贝数数值$\times n$；
NT表明样品中该基因的拷贝数低于检出限。

拷贝每克湿沉积物,最高值在 9～12 cm 处,最低值在 18～21 cm 处。太湖表层沉积物 0～15 cm 处 Mst 的拷贝数超出检出限,而在 15～21 cm 处的拷贝数低于检出限;Mst 的高拷贝数大都出现在 3～9 cm 处。

4.3.5 mcrA 分布特征与基因片段的进化分析

玄武湖沉积物中 mrcA 基因在表层 0～3 cm 处低于检出限,在 3 cm 以下检测出 mrcA 基因,其最高丰度发生在 12～15cm 处,为 6.11×10^4 拷贝每克沉积物,随着深度的增加在其丰度逐步下降。

太湖沉积物中 mrcA 基因在 0～6 cm 处的检出量较低,而在 6～21 cm 处高于检出限。基因的含量变化在 9～18 cm 处相对较高。通过对太湖 12～15 cm 处的样品进行强化扩增,对 PCR 产物进行克隆分析后,获取了 10 条 mrcA 基因的片段,其中共获取 2 个单一来源片段。通过进行 BLAST 分析发现这些片段与 NCBI GenBank 数据库中已有 mrcA 基因的相似均在 83% 以上,序列的 e-values 值大都在 810 以上;与数据库中的最高值相似的 e-values 值为 10025,来自中国的水稻土。

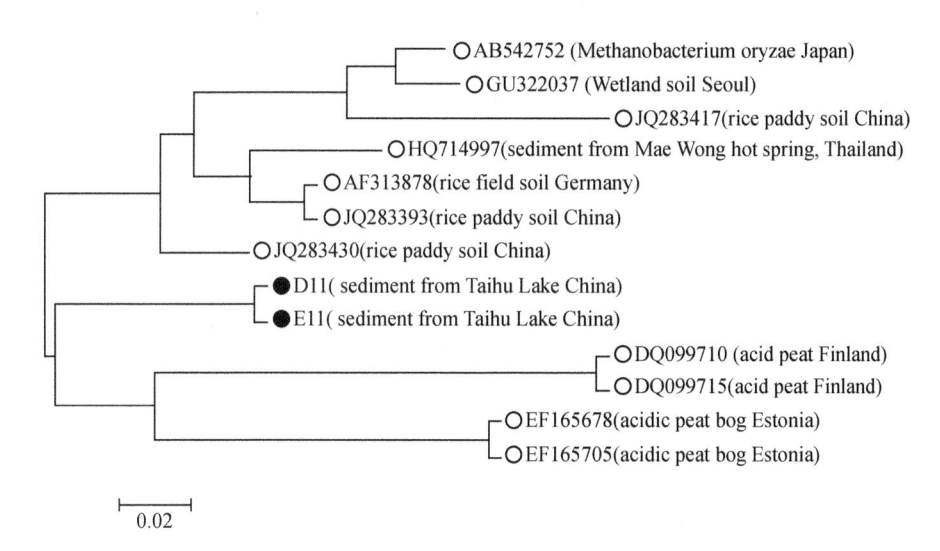

图 4-7 甲基辅酶 M 还原酶 alpha 亚基基因的进化树分析图

(注:实心圆点为本研究中获取的基因序列片段;空心圆代表数据库数据)

如图4-7所示，对本研究中的甲基辅酶M还原酶alpha亚基基因mcrA与数据库中已有数据进行了进化树比较分析。研究中的序列D11和E11与所选取的代表性序列的同源性均大于80%，e-values值在810以上。国际数据库中mcrA基因序列来自多个国家（中国、日本、德国和芬兰等）不同环境（水稻田、温泉、湖泊、泥炭池和湿地系统等）的自然环境样品，仅有来自日本的序列属于从环境中分离培养获得的甲烷菌Methanobacterium oryzae（AB542752）。进化树分析显示，D11和E11序列间具有较高的相似性。

4.4 讨论

4.4.1 沉积物中代表性酶变化规律

沉积物中存在多种酶类，它们主要来自沉积物中的微生物、植物和动物残体。沉积物中的酶在沉积物碳、氮、磷等生源要素的生物地球化学循环中具有十分关键的作用，它是沉积物新陈代谢的催化剂，在生物地化循环过程中起着中心枢纽作用（Freeman et al.，1995；McLatchey et al.，1998；Freeman et al.，1998）。

过氧化氢酶广泛存在于沉积物和生物体内，其活性与沉积物呼吸作用和沉积物中的微生物活动息息相关，相关研究成果已被应用于生态毒理及生态化学领域（宗虎民 等，2009）。过氧化氢酶可分解有机质降解过程中向沉积物释放的过氧化氢，生成氧气和水，防止过氧化氢对生物体的毒害，因此可作为了解沉积物有机质状况及微生物数量的参数（宗虎民 等，2009）。研究中发现玄武湖沉积物中过氧化氢酶的活性在表层低于底层（图4-1a）；而在太湖沉积物中则表现出先升高后降低的趋势，其底层沉积物的活性显著低于表层（图4-3a）。这一变化可能与沉积物的累积时间和微生物活性有关，如玄武湖的沉积物属于经过清淤的新累积的沉积物，太湖的沉积物也属于新累积的沉积物。过氧化氢酶活性与土壤有机质含量有关，也与微生物数量有关。

纤维素酶是沉积物中与碳的循环密切相关的酶，它是一组酶的总称，包括葡聚糖内切酶、葡聚糖外切酶和纤维二糖酶。纤维素是植物残体进入沉积物的碳水化合物的重要组分之一。纤维素在葡聚糖内切酶、葡聚糖外切酶的作用下首先转变为纤维二糖,然后在纤维二糖酶的作用下分解为葡萄糖(关松荫,1986)。纤维素酶的活性在玄武湖(图 4-1b)和太湖梅梁湾(图 4-3b)的沉积物中变化趋势相同,都呈下降趋势。

蔗糖酶也称转化酶,能催化 $\beta_2 D_2$ 呋喃果糖苷中未还原的 $\beta_2 D_2$ 呋喃果糖苷末端残基的水解,许多学者倾向于把土壤转化酶的活性作为表征土壤肥力的重要指标(张银龙和林鹏,1999)。蔗糖酶广泛存在于土壤中,可以反映土壤中碳的转化和呼吸强度(万忠梅和宋长春,2009),直接参与土壤有机质的代谢过程,可以把土壤中的相对高分子质量的蔗糖分子分解成植物和土壤微生物可吸收利用的葡萄糖和果糖,为土壤生物体提供能源,其活性取决于土壤有机质的含量和土壤的有机质类型(周礼恺,1987)。研究结果表明玄武湖沉积物(图 4-2a)中蔗糖酶的活性在 3~6 cm 处最高,其他层间变化不大;而太湖沉积物(图 4-4a)中蔗糖酶的活性呈现下降趋势。

脲酶是一种含镍的寡聚酶,它催化的是尿素水解为二氧化碳和氨的反应。脲酶存在于细菌、酵母和一些高等植物中。脲酶作为衡量土壤氮素养分状况的指标(李阜棣等,1996),能促进土壤中含氮有机物尿素分子酰胺态氮的水解,生成的氨是植物氮素营养来源之一,与土壤中氮的转化密切相关(李春霞 等,2007)。玄武湖沉积物中脲酶的活性在垂直方向上变化不大(图 4-2b),而在垂直方向上脲酶的活性在增加,但增加的趋势在统计学上差异不大。有研究发现改变底物含量对土壤脲酶活性有显著影响,土壤脲酶活性随尿素含量的增大而增强;向土壤增加有机物可促进土壤脲酶活性的增强,但这种增强仅维持几个星期,随后土壤脲酶活性逐渐变得与以前一样(周礼恺,1987)。

沉积物中的产甲烷菌是湖泊中 CH_4 的主要生产者。甲烷的生物代谢过程是碳循环的重要过程。通常有机物质在多种类型微生物的作用下将聚合物水解成单体(如:葡萄糖、脂肪酸、氨基酸等),再经过微生物的发酵作用将单体化合物及中间态化合物酸化,生成 H_2、CO_2 及小分子的酸类物质,这些物质能够被甲烷菌利用生成甲烷,进而完成甲烷发酵过程的最后一步(Liu 和 Whitman,

2008)。以上研究结果表明,两个湖沉积物中的纤维素酶都呈现下降趋势;蔗糖酶的活性在玄武湖沉积物中的变化不明显,而在太湖中下降比较明显。这些结果表明太湖深层沉积物中的小分子物质含量较低。

4.4.2 沉积物中细菌与古细菌的垂向分布规律

研究使用 16S rRNA 基因的特异引物对太湖和玄武湖沉积物中细菌和古细菌的拷贝数进行了初步分析,发现:玄武湖沉积物中细菌的 16S rRNA 基因的拷贝数在 $2.44 \times 10^9 \sim 27.41 \times 10^9$ 拷贝每克干沉积物范围之内,而太湖梅梁湾的细菌 16S rRNA 基因的拷贝数在不同沉积物内变化相对较大,范围在 $11.22 \times 10^9 \sim 19.74 \times 10^9$ 拷贝每克湿沉积物内。研究结果与前期结果相似。如 Ye 等(2009)发现太湖的总细菌数量随着沉积物深度的增加而增加。有研究显示,玄武湖的垂直沉积物中不同深度的细菌群落结构也不同(Seng et al., 2009)。然而 Falz 等(1999)利用 DAPI 荧光染料分析的结果发现表层沉积物中活性细菌数量比底层的要多,结果的差异性可能与残留在沉积物中的胞外 DNA 有关。

氨氮、碱度和 pH 变化与细菌的活性密切相关(Falz et al., 1999)。这些深度沉积物中的细菌和较低的 pH 有助于产生可以降解的微型有机物质,这些有机物是湖泊沉积物中甲烷生成的主要控制因子(Murase 和 Sugimoto, 2001)。玄武湖古细菌的 16S rRNA 基因拷贝数在 $4.84 \times 10^8 \sim 17.71 \times 10^8$ 之内,而太湖沉积物中古细菌的 16S rRNA 基因拷贝数变化在 $0.11 \times 10^8 \sim 17.44 \times 10^8$ 拷贝每克湿沉积物内。总体上玄武湖沉积物内古细菌的数量稍多。Ye 等(2009)发现太湖古细菌的含量变化在垂直方向上不明显。Cadillo-Quiroz 等(2008)等利用 16S rRNA 基因技术分析了矿区古细菌群体的特征。Muirchia 等(2010)对碱性湖泊中古细菌的多样性进行了分析,利用 arc8f (50 - TCCGGTTGATC CTGCC - 30)和 arc1492r (50 - GGCTACCTTGTTACG ACTT - 30)引物扩增了 16S rRNA 基因,并构建了文库。最终获取了 1399 个克隆,获取了 170 个限制性单一片段,对 140 条片段进行了测序,BLAST 分析显示 49 条序列属于古细菌。

4.4.3 沉积物中产甲烷古细菌的垂向分布规律

本书的研究中使用的 16S rRNA 基因的特异引物是由韩国学者 Yu 等(2005)设计的,通过 SYBR green real-time PCR 系统用于研究甲烷菌的 4 个属和 2 个科在沉积物中的含量。特异性 PCR 产物被成功地从玄武湖沉积物中扩增出来,表明这些引物具有较为广泛的适用性。

已有研究表明甲烷菌的含量约占总古细菌的 2%～35%(Ye et al.,2009)。Krakat 等(2010)利用 rRNA 基因限制性分析和荧光原位杂交技术,研究的样品表明氢营养型甲烷菌占主要成分,且 34 个中有 39 个分类单元属于 Methanobacteriales。Falz 等(1999)的结果发现不同的甲烷类型在沉积物中的分布特征也不一样,如 Methanosaeta spp 分布于整个沉积物,methanogenic endosymbiont of P. nasuta 主要在表层沉积物。研究中,MBT (Methanobacteriales),MMB (Methanomicrobiales) 和 MSL(Methanosarcinales)在玄武湖和太湖沉积物中各层中得到检出,并且 MMB 和 MSL 的丰度通常高于 MBT 的丰度。有研究显示 Methanomicrobiales、Methanosarcinales 和 Methanobacteriales 属的甲烷菌已经从沼泽地或沉积物中扩增出(Banning et al.,2005;Steinberg 和 Regan,2008)。我们的结果也表明这些细菌在沉积物甲烷生成方面具有重要作用,并且不同类型甲烷菌的分布特征也不相同。

Methanosarcinaceae 和 Methanosaetaceae 种属于 Methanosarcinales 属,该属经常在环境样品中被检测出来(Cadillo-Quiroz et al.,2008;Steinberg and Regan,2009)。Methanococcales (MMC)属通常从海洋中被检测出,其生长过程需要海水盐分(Liu and Whitman,2008)。因此,既然 Methanococcales 属的菌落被检测出来,就需要通过分离鉴定 Methanococcales 是否存在于淡水环境中。

甲烷的产生机制与 CO_2 的还原以及小分子酸的利用有关。研究结果显示甲烷菌在垂直方向上主要分布在 6～18 cm。另外这些甲烷菌都能够使用 CO_2 作为电子受体,以氢为甲烷菌的电子供体,合成甲烷(Liu 和 Whitman,2008)。Parkes 等(2007)利用碳 14 标记法研究活性发现沉积物中 H_2/CO_2 利用型甲烷的生成效率是乙酸型甲烷的十倍。甲烷的生成主要在硫-甲烷转瞬作用区(即表层沉积物区)下方产生,该区域的甲烷主要靠深层沉积物中甲烷的扩散作用。因此,甲烷群体中可能以 H_2/CO_2 利用型甲烷菌为主,尽管甲醛、醇类和乙酸利用型甲烷菌也存在于这些湖泊中(Yu et al.,2005;Liu 和 Whitman,2008)。

4.4.4 甲烷基因的变化规律

mrcA 基因是甲烷菌所特有的基因(Thauer,1998;Lueders et al.,2001),该基因是甲烷生成过程中的一个关键酶。Steinberg 和 Regan (2009)等利用 SYBR green I quantitative PCR (qPCR)结合 TaqMan probes qPCR 技术分析了牛和猪粪发酵反应池及酸性泥炭样品中 mcrA 基因的丰度,发现不同甲烷菌种的分布规律,表明实施定量技术在分析复杂样品中甲烷菌的丰度和类型方面具有较高的可靠性。本书的研究利用已有文献中的引物对基因进行了扩增,分析了沉积物中该基因的垂向分布和丰度变化特征。mrcA 基因在玄武湖和太湖沉积物中都有分布,但是在玄武湖垂向沉积物的 0~3 cm 处和太湖垂向沉积物的 0~6 cm 处该基因低于检出限。另外,该基因的丰度远低于甲烷菌 16S rRNA 基因的丰度。这可能与该基因在甲烷菌的存在概率低以及 16S rRNA 基因的高拷贝特征有关。通过构建 cDNA 文库对 mrcA 基因进行了鉴定。有关 mcrA 序列已经在沉积物、水稻土及温泉等环境中得到克隆或鉴定(Nunoura et al.,2006;Antony et al.,2011;Ma et al.,2012;Narihiro et al.,2011)。

根据甲基辅酶 M 还原酶 alpha 亚基(mcrA) methyl-coenzyme M reductase alpha subunit (McrA)的克隆及进化树分析,结果表明所获取的基因为 mcrA 基因。然而由于沉积物中 mcrA 基因的拷贝数相对较低及 PCR 扩增效率较低,研究所获取的条序列中仅有 2 条 unique 基因序列未曾报道。在今后研究中可以通过单克隆分析,或者提高 DNA 提取和该基因的扩增效果,以获取更多的 mcrA 基因片段信息。

4.5 本章小结

• 对太湖沉积物中集中土壤酶的活性垂直分布,发现:玄武湖沉积物中过氧化氢酶的活性在表层低于底层,而在太湖沉积物中则表现出先升高后降低的趋势,其底层沉积物的活性显著低于表层;纤维素酶的活性在玄武湖和太湖梅梁湾的沉积物中变化趋势相同,都呈下降趋势;玄武湖沉积物中蔗糖酶的活性在3~6 cm处最高,其他层间变化不大,而太湖沉积物中蔗糖酶的活性呈现下降趋势;玄武湖沉积物中脲酶的活性变化在垂直方向上变化不大,而在垂直方向上脲酶的活性在增加,但增加的趋势在统计学上差异不大。

• 玄武湖沉积物中细菌的 16S rRNA 基因的拷贝数在 2.44×10^9 ~ 27.41×10^9 拷贝每克干沉积物之内,而太湖梅梁湾细菌的 16S rRNA 基因的拷贝数在不同沉积物内变化相对较大,在 11.22×10^9 ~ 19.74×10^9 拷贝每克湿沉积物内;玄武湖古细菌的 16S rRNA 基因拷贝数在 4.84×10^8 ~ 17.71×10^8 之内,而太湖沉积物中古细菌的 16S rRNA 基因拷贝数变化在 0.11×10^8 ~ 17.44×10^8 拷贝每克湿沉积物内。

• MBT（Methanobacteriales）,MMB（Methanomicrobiales）和 MSL（Methanosarcinales）属及 Methanosarcinaceae 和 Methanosaetaceae 种的甲烷菌在玄武湖和太湖沉积物中各层中得到检出,并且 MMB 和 MSL 的丰度通常高于 MBT 的丰度。另外,生长过程需要海水盐分的 Methanococcales(MMC)属也被检测出。

• mrcA 基因在玄武湖和太湖沉积物中都有分布,但是在玄武湖垂向沉积物的 0~3 cm 处和太湖垂向沉积物的 0~6 cm 处该基因低于检出限。利用基因文库构建技术克隆了 2 个 mrcA 基因,与 GenBank 中已有的基因具有很高的相似性。

第五章

生态清淤工程对太湖流域水体甲烷释放的影响

5.1 引言

太湖底泥淤积的面积为 1 547 km²，占全太湖面积的 66%，底泥总蓄积量为 19 亿 m³，其中，流泥量 2.3 亿 m³。竺山湖、梅梁湖、贡湖和东太湖等主要湖湾区及重要入湖河口污染底泥的淤积最为严重，普遍淤深在 0.8～1.5 m 之间，淤积底泥总量达 3.1 亿 m³，其中流泥量约 3 000 万 m³。污染底泥的长期淤积，不仅降低了湖泊的调蓄能力，且造成了水生态系统退化，形成二次污染。在 2007 年太湖蓝藻暴发后，江苏省政府对太湖实施一系列生态清淤工程，主要区域包括竺山湖、贡湖、梅梁湖、东太湖及入湖河口等湖区，并将生态清淤工程扩展到太湖流域其他主要湖泊及出入湖河道、骨干河道。对一个流域范围内的水体进行如此大规模持续的人为清淤活动，在国内外是没有先例的，而目前湖泊、河道等水体作为甲烷的重要来源，已经逐步被人们认识。Bastviken 等研究计算了全球 474 个淡水水体的甲烷释放量(Bastviken D,2011)，发现淡水水体的甲烷释放能抵消全球陆地自然系统 25% 的二氧化碳吸收量。因此，江苏省在太湖流域实施的大规模持续生态清淤工程，可能对流域水体的甲烷释放产生重要的影响。本章内容将根据前文的研究结果，结合已有参考文献和公开发表研究成果，估算太湖及流域水体的甲烷释放量，并综合评价生态清淤工程对流域水体甲烷释放的影响程度。

5.2 评估内容与方法

(1) 根据已有文献的甲烷释放数据，结合本书中研究的测定数据，合理估算太湖及江苏省淡水水体甲烷年释放量，将其与全省温室气体排放源进行对比，分析得出结论。

(2) 比较太湖清淤点位和未清淤点位湖面甲烷通量浓度变化，分析清淤工程对清淤区域甲烷通量的影响。

(3) 根据典型湖区未清淤区域内底泥中甲烷含量，估算太湖流域已实施的

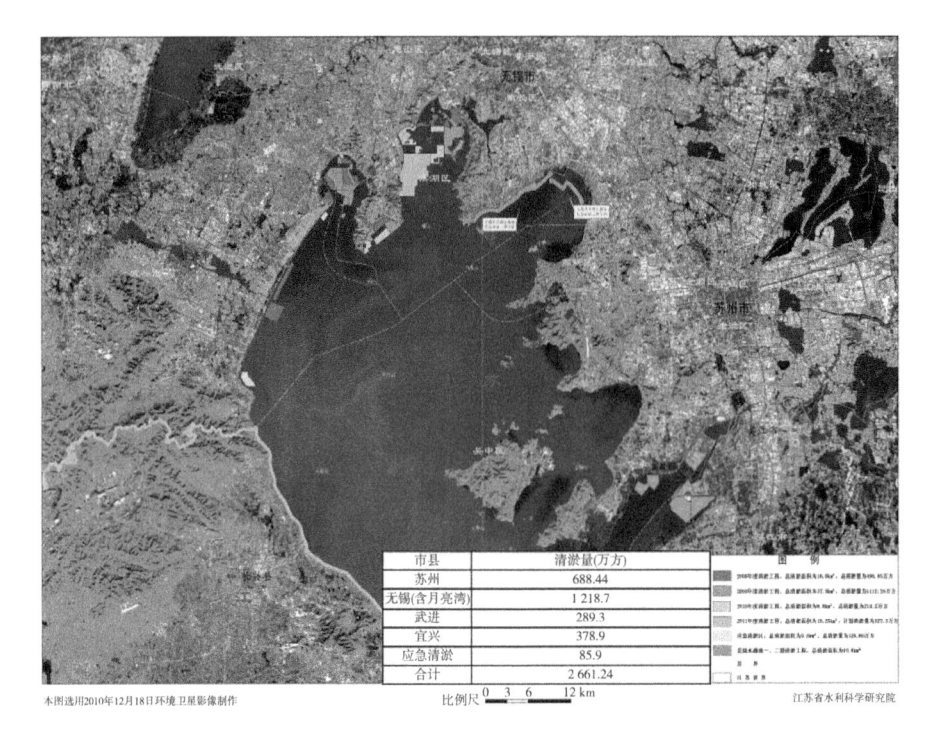

图 5-1　太湖生态清淤分布图

清淤工程实际削减的底泥甲烷含量。太湖生态清淤具体分布图见图 5-1。

5.3　结果

5.3.1　太湖及江苏省淡水水域甲烷年释放量估算

（1）确定估算太湖全年甲烷水-气界面通量的基础数据

由于太湖水面宽阔,目前还没有人做过太湖全湖区、四季的甲烷通量监测,要估算太湖水体年甲烷释放量必须先确定太湖全湖年均水-气界面甲烷通量。李香华(2003)在 2003 年对梅梁湖进行了太湖水-气界面温室气体通量监测,其中对梅梁湖点位进行了连续 12 个月的监测,计算其四个季度平均甲烷通量分别为 $0.12~mg \cdot L^{-1}$、$0.31~mg \cdot L^{-1}$、$0.29~mg \cdot L^{-1}$、$0.04~mg \cdot L^{-1}$,发现梅梁湖甲烷释放通量和季节的相关性比较强。现在为估算 2010 年梅梁湖四个季度的甲烷通量,采取测定数据与文献数据结合的方法,依据 2003 年梅梁湖四季甲烷释放规律,在 2010 年 6 月和 9 月实测数据的基础上,拟合计算 2010 年梅梁湖四季的水-气界面平均甲烷通量,然后根据 2010 年对太湖 23 个点位普查的湖面空气甲烷浓度数据,进一步拟合成全湖四季的水-气界面平均甲烷通量(图 5-2)。

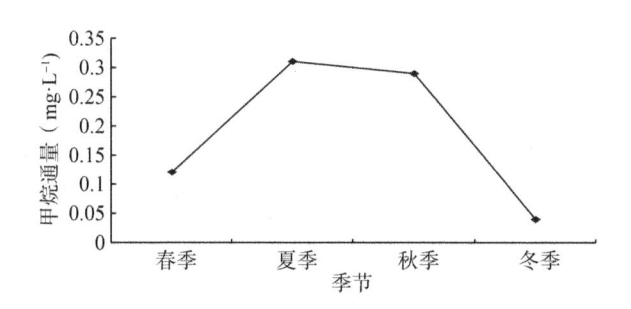

图 5-2 太湖梅梁湾水-气界面的甲烷通量四季变化特征

通过两次拟合,初步计算出太湖全湖四季的甲烷平均通量(表 5-1),其中冬季为 0.24 mg·L^{-1},春季甲烷平均通量 0.72 mg·L^{-1},这和陈永根等(2007)测定的甲烷通量数据冬季洞庭湖为 0.199 mg·L^{-1},鄱阳湖为 0.818 mg·L^{-1},滇池为 0.163 mg·L^{-1},以及东太湖春季甲烷通量平均值 0.571 mg·L^{-1} 数值基本接近。

表 5-1 太湖全湖甲烷平均通量拟合计算

时间	季节	春	夏	秋	冬	备注
2003 年	梅梁湖甲烷平均通量 (mg·m^{-2}·h^{-1})	0.12	0.31	0.29	0.04	引用文献数据
2010 年	梅梁湖甲烷平均通量 (mg·m^{-2}·h^{-1})	0.60	1.54	1.44	0.20	拟合计算
2010 年	全湖甲烷平均通量 (mg·m^{-2}·h^{-1})	0.72	1.85	1.73	0.24	拟合计算

2010 年各季节梅梁湖甲烷通量计算公式:

2010 年梅梁湖夏季甲烷平均通量=(梅梁湖七个点位 6 月份平均数据+9 月份平均数据)/2

2010年各季节梅梁湖甲烷平均通量＝2003年各季节梅梁湖平均通量×$MP_{拟合系数}$

$MP_{拟合系数}$＝2010年梅梁湖夏季甲烷平均通量/2003年梅梁湖夏季甲烷平均通量＝4.97

$MP_{拟合系数}$为梅梁湖拟合甲烷通量系数。

2010年全湖甲烷平均通量计算公式：

各季节全湖甲烷平均通量＝2010年各季节梅梁湖甲烷平均通量×$P_{拟合系数}$

$QP_{拟合系数}$＝未清淤区域空气甲烷浓度均值/梅梁湖区域空气甲烷浓度均值＝$[(\sum C_{北i}+\sum C_{东南j})/\sum(i+j)]/(\sum C_{梅梁湖f}/\sum f)$＝1.2

其中：$C_{北i}$为北部第i个未清淤区域点位空气甲烷浓度（根据北部区实际布点数确定，此处$1<i\leqslant 8$）；

$C_{东南j}$为东南部第j个未清淤区域点位空气甲烷浓度（根据南部区实际布点数确定，此处$1<j\leqslant 6$）；

$C_{梅梁湖f}$为梅梁湖第f个点位空气甲烷浓度（根据梅梁湖实际布点数确定，此处$1<f\leqslant 7$）。

（2）太湖水体甲烷年释放量估算

太湖水体甲烷年释放量＝全湖全年甲烷平均通量×面积×时间

全湖全年甲烷平均通量＝四季甲烷平均通量的均值＝(0.72＋1.85＋1.73＋0.24)/4＝1.13($mg·m^{-2}·h^{-1}$)

太湖水体甲烷年释放量＝1.13×24×360×2333×1000×1000÷10^9＝2.28(万吨)

（3）江苏省湖泊水体甲烷释放量估算

江苏省总面积10.72万 km^2，其中水域面积1.66万 km^2，主要由湖泊、河道、塘库等组成。其中湖泊面积约6 000 km^2，水域面积和湖泊面积分别占全省地域面积的16%和6%，居全国之首，太湖流域为全省湖泊密集区，有大小湖泊180多个。估算江苏省主要湖泊及太湖流域的甲烷释放量，对了解江苏省温室气体的来源构成及份额占比具有重要意义。由于太湖是典型的流域型浅水湖泊,其水环境特性、水质特点和全省大部分主要湖泊基本相似,因此可用太湖的甲烷平均通量对全省及太湖流域的其他湖泊甲烷释放量进行初步估算。陈永根等(2007)认为湖泊之间甲烷通量之间没有明显差异,王树伦等人(1999)发现台湾湖泊甲烷排放也无明显地域差异,因此陈永根等(2007)用8个湖泊水体的甲烷通量平均值估算了全国9.1万 km^2 湖泊冬季的甲烷释放量为3.22万吨。

按照太湖水体甲烷年释放量的计算方法,计算全省主要湖泊面积5 703 km^2,甲烷量释放为5.52万吨/年;太湖流域主要湖泊面积2 478 km^2,甲烷释放量为2.64万吨/年。如果全省水域面积1.66万 km^2 也按此进行初步估算,则江苏省淡水水域甲烷释放量为16.3万吨/年。

表5-2 江苏省主要湖泊及面积

序号	湖泊名称	设计洪水位(m) 85高程	设计洪水位(m) 废黄河/吴淞	湖泊保护面积(km^2)	正常蓄水位(m) 85高程	正常蓄水位(m) 废黄河/吴淞	蓄水保护面积(km^2)
一	淮河及里下河地区						2 918.5
1	洪泽湖	15.81	16.0/	3704	13.31	13.5/	1780
2	骆马湖	24.83	25	340	23.33	23.5	278
3	高邮湖	9.33	9.5/	690	5.53	5.7	574.9
4	邵伯湖	8.33	8.5/	150	4.33	4.5	63.2
5	里下河区湖泊湖荡	2.93	3.1	695	0.93(0.63)	1.1(0.83)	73.5
6	白马湖	7.8	8	117.5	6.3	6.5	110.2
7	宝应湖	7.36	7.5	80.7	5.56	5.7	38.7
二	太湖流域						2 784.7
8	太湖	2.87	/4.80	2 592	1.14	/3.07	2 333.8
9	滆湖	3.54	/5.43	193.8	1.41	/3.30	178.9
10	长荡湖	3.77	/5.63	120.7	1.5	/3.36	120.7
11	固城湖	10.57	/12.5	37	6.57	/8.50	31.9
12	石臼湖	10.57	/12.5	117.5			111.2
13	嘉菱荡	2.27	/4.2	1.2	1.07	/3.00	1.1
14	鹅真荡	2.27	/4.2	5.5	1.07	/3.00	5.4
15	宛山荡	2.67	/4.55	1.9	1.12	/3.00	1.7
小计	全省			8 847			5 703

(4) 与我省温室气体排放源比较

目前江苏全省甲烷温室气体排放初步普查数据为 127.75 万吨/年,但湖泊水体的甲烷释放量未列入其中。在已列入全省普查的几个主要甲烷来源中,耕地甲烷释放量为 48.24 万吨/年,废弃物处理甲烷释放量 37.2 万吨/年,其他能源活动 19.29 万吨/年(包括交通、生物质燃烧、矿石甲烷逸等)(江苏省温室气体排放普查,2012)。

太湖甲烷年释放量占目前已普查全省甲烷释放量的 1.8%,占全省主要湖泊甲烷年释放量 4.3%,占全省淡水水域甲烷释放量 12.75%。

与最主要的农田甲烷源比较,单位面积的单季水稻种植甲烷释放为 3.2～6.22 mg·m^{-2}·h^{-1}(CAIZU-CONG,1994),而太湖湖体全年甲烷通量为 1.13 mg·m^{-2}·h^{-1},前者是后者的 3 到 6 倍,即单位面积湖泊水体甲烷释放通量为单季水稻种植甲烷释放通量的 15%～30%。

5.3.2 生态清淤工程对清淤区域甲烷释放浓度的影响

根据表 2-1 太湖 27 个点位空气甲烷浓度中清淤区域和未清淤区域的浓度区别,可估算生态清淤工程对区域甲烷释放浓度的影响,未清淤点位湖面空气甲烷均值浓度为 2.68 mg·L^{-1},清淤点位湖面空气甲烷均值浓度为 2.04 mg·L^{-1},清淤区域比未清淤区域湖面空气甲烷均值浓度削减了 23.3%。生态清淤工程对清淤区域空气甲烷浓度的影响显著。

5.3.3 生态清淤工程对太湖流域水体内源甲烷含量的削减

2008 年太湖流域全面开展水环境综合治理以来,江苏省政府将生态清淤工程作为改善水体内源污染的一项重要工程,在流域范围内主要的湖泊及河道广泛实施。截止到 2011 年底,江苏省对太湖流域大约 100 km^2 面积的湖泊以及近 3 000 km 的河道进行了生态清淤,完成生态清淤量 8 029.84 万 m^3,其中太湖湖体清淤 2 661 万 m^3(数据由江苏省水利部门提供)。具体见表 5-3。

表 5-3　江苏省太湖流域生态清淤工程 2008—2011 年统计表

区域	分类	完成情况		
		清淤面积(km²)	清淤量(×10⁴ m³)	淤泥处置方式
太湖湖体	竺山湖及太湖西岸	15.73	655	自然风干
	梅梁湖	34.54	892	化学固化
	贡湖	16.34	411	自然风干
	东太湖	16.6	657	真空预压
	其他区域应急清淤	2.3	46.24	
	合计	85.51	2661.24	
主要湖泊	滆湖	13.14	434.6	
	阳澄湖	2	50	
	合计	15.14	484.6	
主要河道	出入湖河道	531 km	1 785	
	骨干河道	2 538 km	3 099	
合计			8 029.84	

（1）湖体底泥沉积物甲烷含量均值确定

为估算江苏省生态清淤工程对水体底泥中甲烷含量的削减,选择典型湖区梅梁湖中未清淤区域的底泥,按其垂直分布的甲烷含量均值作为单位体积淤泥甲烷含量来估算,根据梅梁湖底泥样品中甲烷垂直分布检测的数据,计算底泥样品中甲烷含量的均值为 $19.6 \text{ mg} \cdot \text{L}^{-1}$。

（2）生态清淤对流域水体内源甲烷含量的削减量估算

由于太湖、滆湖、阳澄湖等均是太湖流域主要浅水湖泊,环境特点和水质状况相近,且与区域水网在物源上密切相关,其底泥中甲烷分布及含量应具有一定相近性,因此以太湖底泥垂直分布的甲烷含量均值,初步估算近五年来太湖流域生态清淤工程从流域湖泊、河道水体中削减甲烷含量约 157.36 万吨,约占全省 2010 年甲烷释放量的 123%;其中太湖湖体生态清淤工程削减甲烷含量约 52.2 万吨,对削减流域水体内源甲烷含量,减少江苏省温室气体排放贡献显著。

估算方法:生态清淤工程甲烷削减量($\times 10^4$ t)=生态清淤量($\times 10^4$ m³)×底泥甲烷含量($\text{mg} \cdot \text{L}^{-1}$)。

5.4 讨论

对流域性湖泊实施大规模生态清淤工程，提供了一个观察人类活动干预自然湖泊甲烷释放的良好机会。已有研究表明，虽然淡水湖泊仅占地球表面的0.9%（Downing et al.，2006），但是可能贡献了6%～16%的自然甲烷释放（Bastviken et al.，2004），相比而言，海洋仅仅贡献了不到1%的甲烷释放（Rhee et al.，2009）。但人们低估了浅水湖泊中甲烷释放对大气甲烷释放的影响（Bastviken，2011），对如何调控湖泊水体甲烷释放的相关研究较少。沉积物是污染物质的汇，在一定情况下又是污染物质释放的源。因此，生态清淤常用于航道治理工程、水体内源污染负荷治理等方面。然而，沉积物是水体甲烷的主要释放源，沉积物中的甲烷含量与水体及水-气界面甲烷含量等因素密切相关。关于生态清淤对沉积物、水体及水-气界面甲烷含量的影响，几乎未见报道。

本书立意是通过对太湖流域湖泊水体甲烷释放通量、底泥甲烷含量的确定，进而对湖泊水体甲烷量释放和清淤工程甲烷削减量进行估算。但由于太湖流域水体覆盖面广，湖泊河道众多，已有的水体甲烷含量、水-气甲烷释放量以及沉积物中甲烷等相关的气体采集手段比较复杂，容易受多种因素影响；同时，野外气体采集过程中也存在多种复杂情况，不同时间和阶段气体释放量和释放规律相关数据差异较大，无法采取逐一布点按季节周期实测的方法进行，这也是本章内容的不足之处。因此本章在数据处理和估算方法方面加强了对时间周期和区域范围因素的整合，在对太湖全湖全年甲烷释放通量估算时，一是考虑到季节因素，通过前人实测12个月的梅梁湖甲烷通量历史数据进行时间拟合；二是考虑到全湖范围，通过全湖空气甲烷浓度与区域特性的相关性，在实测数据的基础上，对甲烷通量的范围属性进行拟合，总体来说，拟合结果（包括估算的结果）与已有文献的实测或估算结果相近。但以太湖的数据为基础向流域内湖泊或其他水体延伸评价时，不论在水样、气样以及底泥样品上，还需要更多的监测数据支撑，因此本章的研究结果，仍属于初步估算的阶段，只在宏观层面上,对了解和重视湖泊甲烷释放、界定生态清淤工作对甲烷释放和削减的影响具有一定参考价值。

另外,在全球推动温室气体减排的背景之下,IPCC(政府间气候变化专门委员会)在温室气体排放清单编制中要求各国反映水淹土地的甲烷释放情况,但我国目前的基础数据和研究现状还不足以满足编制清单的要求,因此在《2006 年 IPCC 国家温室气体清单指南》中指出,当前对水淹地中 CH_4 流量的测量,尚不足以全面支持建立准确的缺省排放因子。如印度、中国、俄罗斯等有大量蓄水表面积覆盖的国家,其数据无法获得(IPCC,2006)。江苏省在编制全省 2005 年和 2010 年温室气体排放清单时,也均未将湖泊水域的甲烷释放情况纳入统计。从长远看,随着水淹土地甲烷释放研究的增多,我国也必将会按照 IPCC 要求,将水淹土地甲烷释放作为缺省排放因子,而江苏省是全国湖泊水域面积最密集的省份之一,有必要提前对省内湖泊水域的甲烷释放情况进行全面研究。对于实施的大规模清淤工程和甲烷减排效果,更值得进行合理估算,为我国政府的温室气体减排提供核算基础,或为争取温室气体减排交易资金提供数据核算依据。

因此,为进一步明确湖泊、河道水体对甲烷释放的贡献,计算生态清淤工程对水体内源甲烷含量的削减,在下一步研究工作中将重点建立合理的全流域、全周期甲烷释放监测体系,研究底泥、水体、气界、大气等不同层次甲烷浓度的相关性和扩散机理,进一步按湖泊规模、类型进行划分,完善甲烷释放和通量评估模型,扩大对实际水、气、底泥等样品监测。

5.5　本章小结

- 根据拟合计算的太湖全湖全年甲烷平均通量,估算太湖甲烷释放量为 2.28 万吨/年,太湖流域主要湖泊甲烷释放量为 2.64 万吨/年,江苏省主要湖泊甲烷量释放为 5.52 万吨/年,江苏省淡水水域甲烷释放量为 16.3 万吨/年;太湖甲烷年释放量占目前已普查全省甲烷释放量的 1.8%,占全省主要湖泊甲烷年释放量 4.3%,占全省淡水水域甲烷释放量 12.75%。与最主要的农田耕地甲烷源比较,单位面积湖泊水体甲烷释放通量为单季水稻种植甲烷释放通量的 15%~30%。

• 生态清淤工程对清淤区域空气甲烷浓度的影响显著,清淤区域比未清淤区域空气甲烷浓度均值削减了 23.3%。

• 近五年来太湖流域生态清淤工程从流域湖泊、河道水体中削减甲烷含量约 157.36 万吨,约占我省 2010 年甲烷释放量的 123%;其中太湖湖体生态清淤工程削减甲烷含量约 52.2 万吨,对削减流域水体内源甲烷含量,减少江苏省温室气体排放贡献显著。

• 虽然本章的研究结果仍属于初步估算的阶段,只在宏观层面增进对湖泊甲烷释放的了解和重视,界定了生态清淤工作对甲烷释放和削减的影响。但从长远看,对将江苏省湖泊水体甲烷释放纳入 IPCC 温室气体排放清单,核算生态清淤工程对水体内源甲烷含量的削减贡献,引入温室气体减排交易资金,具有前瞻性意义。

第六章

结论

1) 对太湖湖面和玄武湖大气中甲烷浓度进行了分析,发现太湖的不同区域空气中甲烷的含量差异性比玄武湖的要大;甲烷在水-气界面的交换通量与季节变化有关,其中冬季和春季的通量低于夏季和秋季;对太湖和玄武湖水体中各项理化指标变化与表层水体中甲烷的含量间的关系进行多组分分析,显示甲烷在太湖上覆水体中与氮组分相关性大,而在玄武湖上覆水体中与磷组分相关性大,说明水体中甲烷的含量变化在两种湖泊中的影响机制有所差异。

2) 本书对表层沉积物中的甲烷含量、pH、总氮含量、总磷含量、有机质含量、可挥发性硫化物、阳离子交换容量及粒径进行了分析,发现两个湖泊的表层沉积物中甲烷含量与其他指标间的关系有一定的差异;对表层沉积物中总氮、氨氮、总磷、正磷酸盐和金属元素 Mn、Zn、Fe、Ni、Cu 和 Mg 等指标进行了主成分分析,发现这些指标中玄武湖表层沉积物间隙水各指标总体分为三个组分,氨、正磷酸盐、镍和甲烷主要在第二组分上、铁和水-气界面间甲烷通量在第三组分上;太湖的各指标中,Mn、Mg 和甲烷主要在第二组分,Ni 和水-气界面甲烷通量主要在第三组分。

3) 在垂向沉积物中,在表层(0~6 cm)的甲烷浓度比深层(6~21 cm)的明显要低。pH、TP、TN 和 OM 等指标也随着深度变化有所降低。主成分分析结果显示,玄武湖的水分含量、pH、总氮和总有机质含量主要在第一组分上,而甲烷和总磷主要在第二组分上;然而太湖的各个指标均在同一组分上。

4) 对太湖沉积物中集中土壤酶的活性垂直分布进行分析,发现:纤维素酶的活性在玄武湖和太湖梅梁湾的沉积物中变化趋势相同,都呈下降趋势;玄武湖沉积物中过氧化氢酶的活性在表层低于底层,而在太湖沉积物中则表现出先升高后降低的趋势,其底层沉积物的活性显著低于表层;蔗糖酶和脲酶的活性变化具有差异性;太湖和玄武湖沉积物中细菌和古细菌的 16S rRNA 基因的拷贝数具有差异性;MBT (Methanobacteriales),MMB (Methanomicrobiales) 和 MSL (Methanosarcinales) 属及 Methanosarcinaceae 和 Methanosaetaceae 种的甲烷菌在玄武湖和太湖沉积物各层中得到检出,且 MMB 和 MSL 的丰度通常高于 MBT 的丰度;mrcA 基因在玄武湖和太湖沉积物中都有分布。

5) 根据拟合计算的太湖全湖全年甲烷平均通量,估算太湖甲烷释放量为

2.28万吨/年,太湖流域主要湖泊甲烷释放量为2.64万吨/年;太湖甲烷年释放量占目前已普查全省甲烷释放量的1.8%,占全省主要湖泊甲烷年释放量4.3%。生态清淤工程对清淤区域空气甲烷浓度的影响显著,清淤区域比未清淤区域空气甲烷浓度均值削减了23.3%。近五年来太湖流域生态清淤工程从流域湖泊、河道水体中削减甲烷含量约157.36万吨,约占全省2010年甲烷释放量的123%;其中太湖湖体生态清淤工程削减甲烷含量约52.2万吨,对削减流域水体内源甲烷含量,减少江苏省温室气体排放贡献显著。

参考文献

[1] Achtnich, C. , Bak, F. , Conrad, R. , 1995. Competition for electron donors among nitrate reducers, ferric iron reducers, sulfate reducers, and methanogens in anoxic paddy soil. Biology and Fertility of Soils 19, 65-72.

[2] Addess, J. M. , Effler, S. W. , 1996. Summer methane fluxes and fall oxygen resources of Onondaga Lake. Lake and Reservoir Management 12, 91-101. doi:10.1080/07438149609354000.

[3] Ahlgren, I. , Sörensson, F. , Waara, T. , et al. , 1994. Nitrogen budgets in relation to microbial transformations in lakes. Ambio 26, 367-377.

[4] Alex L. A. , Reeve J. N. , Orme-Johnson W. H. , et al. , 1990. Cloning, sequence determination, and expression of the genes encoding the subunits of the nickel-containing 8-hydroxy-5-deazaflavin reducing hydrogenase from Methanobacterium thermoautotrophicum delta H. Biochemistry 29: 7237-7244.

[5] Antony C. P. , Murrell J. C. , Shouche Y. S. , 2001. Molecular diversity of methanogens and identification of Methanolobus sp. as active methylotrophic Archaea in Lonar crater lake sediments. FEMS Microbiol ecology. doi:10.1111/j.1574-6941.2011.01274.x.

[6] Bak, F. , Pfennig N. 1991. Sulfate-reducing bacteria in littoral sediment of Lake Constance. FEMS Microbiology. Lett. 85: 43-52.

[7] Banning N., Brock F., Fry J. C., et al., 2005. Investigation of the methanogen population structure and activity in a brackish lake sediment. Environ Microbiology 7:947-960.

[8] Bapteste E., Brochier C., Boucher Y., 2005. Higher-level classification of the Archaea: evolution of methanogenesis and methanogens. Archaea 1: 353-363.

[9] Bastviken D., Cole J., Pace M., et al., 2004. Methane emissions from lakes: dependence of lake characteristics, two regional assessments, and a global estimate. Global. Biogeochem. Cy. 18.

[10] Bastviken D., 2009. Methane. In: Encyclopedia of inland waters, Vol. 2 (GE Likens, ed), pp. 783 - 805. Elsevier, Oxford.

[11] Bastviken, D., Cole, J., Pace, M., et al., 2008. Fates of methane from different lake habitats: connecting whole-lake budgets and CH_4 emissions. J. Geophys. Res. 113 (G02024) doi:02010.01029/02007JG000608.

[12] Bastviken D., Tranvik L. J., Downing J. A., Crill PM, Enrich-Prast A. Science. 2011 Jan 7;331(6013):50.

[13] Beal E. J., Claire M. W., House C. H., 2011. High rates of anaerobic methanotrophy at low sulfate concentrations with implications for past and present methane levels. Geobiology 9:131-139.

[14] Bellido J. L., Peltomaa E., Ojala A., 2011. An urban boreal lake basin as a source of CO_2 and CH_4. Environmental Pollution 159 (6) 1649-1659.

[15] Biavati, B., Vasta M., Ferry, J. G. 1988. Isolation and characterization of "Methanosphaera cuniculi" sp. nov. Appl. Environ. Microbiol. 54: 768-771.

[16] Biderre-Petit C., Jézéquel D., Dugat-Bony E., et al., 2011. Identification of microbial communities involved in the methane cycle of a freshwater meromictic lake. FEMS Microbiol Ecology 77:533-545.

[17] Blaut M., 1994. Metabolism of methanogens. Antonie Van Leeuwenhoek 66: 187-208.

[18] Boström, B., Andersen, J. A., Fleisher, S., et al., 1988. Exchange of phosphorus across the sediment-water interface. Hydrobiologia 179, 229-244.

[19] Boyd E. S., Anbar A. D., Miller S., et al., 2011. A late methanogen origin for molybdenum-dependent Nitrogenase. Geobiology, 9, 221-232.

[20] Briee, C., Moreira D., Lopez-Garcia, P. 2007. Archaeal and bacterial community composition of sediment and plankton from a suboxic freshwater pond. Res. Microbiol. 158: 213-227.

[21] Burke, S. A., Krzycki J. A., 1997. Reconstitution of monomethylamine:coenzyme M methyl transfer with a corrinoid protein and two methyltransferases purified from Methanosarcina barkeri. The Journal of biological chemistry 272: 16570-16577.

[22] Bussmann, I., 2005. Methane release through resuspension of littoral sediment. Biogeochemistry 74, 283-302.

[23] Cadillo-Quiroz H., Yashiro E., Yavitt J. B., et al., 2008. Characterization of the Archaeal Community in a minerotrophic fen and terminal restriction fragment length polymorphism-directed isolation of a novel hydrogenotrophic methanogen. Applied and environmental microbiology 74:2059-2068.

[24] CAIZU - CONG JINJI - SHENG 等,《土壤圈:英文版》SCI CA CSCD 1994 年第 4 卷第 4 期 297-306 页,共 10 页;Estimate of Methane Emission from Rice Paddy Fields in Taihu Region, China.

[25] Capone, D. G., Kiene R. P., 1988. Comparison of microbial dynamics in marine and freshwater sediments: contrasts in anaerobic carbon catabolism. Limnology and Oceanography. 33: 725-749.

[26] Casper, P., Chan O. C., Furtado A. L. S., et al. 2003. Methane in an acidic bog lake: the influence of peat in the catchment on the biogeochemis-

try of methane. Aquatic sciences. 65: 36-46.

[27] Castro H., Ogram A., Reddy K. R., 2004. Phylogenetic characterization of methanogenic assemblages in eutrophic and oligotrophic areas of the Florida everglades. Applied and environmental microliology 70:6559-6568.

[28] Cavicchioli R., 2006. Cold-adapted archaea. Nature Reviews Microbiology. 4:331-343.

[29] Chan O. C., Wolf M., Hepperle D., et al., 2002. Methanogenic archaeal community in the sediment of an artificially partitioned acidic bog lake. FEMS Microbiology Ecology. 42: 119-129.

[30] Chan O. C., Claus, P., Casper, P., et al., 2005. Vertical distribution of structure and function of the methanogenic archaeal community in Lake Dagow sediment. Environmental microbiology. 7, 1139-1149.

[31] Chin K. J., Lukow T., Conrad R., 1999. Effect of temperature on structure and function of the methanogenic archaeal community in an anoxic rice field soil. Appl. Applied and environmental microliology. 65: 2341-2349.

[32] Schmaljohann R., 1996. Methane dynamics in the sediment and water column of Kiel Harbour (Baltic Sea). Marine Ecology Progress Series. 131:263-273.

[33] Conrad R. 1999. Contribution of hydrogen to methane production and control of hydrogen concentrations in methanogenic soils and sediments. FEMS Microbiology Ecology. 28: 193-202.

[34] Conrad R. et al. 1989. Hydrogen turnover by psychrotrophic homoacetogenic and mesophilic methanogenic bacteria in anoxic paddy soil and lake sediment. FEMS microbiology Letters. 62: 285-293.

[35] Conrad R., 2009. The global methane cycle: recent advances in understanding the microbial processes involved. Environmental microbiology reports. 1:285-292.

[36] Conrad R., Klose M., Claus P., et al., 2010. Methanogenic path-

way, ^{13}C isotope fractionation, and archaeal community composition in the sediment of two clear-water lakes of Amazonia. Limnology and Oceanography. 55:689-702.

[37] Dan J., Takahiro K., Sugimoto A., et al., 2004. Biotic and abiotic methane releases from Lake Biwa sediment slurry. Limnology 5: 149-154.

[38] Daniels L. Fuchs G., Thauer R. K., et al. 1977. Carbon monoxide oxidation by methanogenic bacteria. Journal of bacteriology. 132: 118-126.

[39] Baldwin D. S., Mitchell A., 2012. Impact of sulfate pollution on anaerobic biogeochemicalcycles in a wetland sediment. Water Research 46: 965-974.

[40] Downing J. A., Prairie Y. T., Cole J. J., et al., 2006. The global abundance and size distribution of lakes, ponds, and impoundments. Limnology and oceanography 51:2388-2397.

[41] Duchemin E., Lucotte M., Canauel R., 1999. Comparison of static chamber and thin boundary layer equation methods for measuring greenhouse gas emissions from large water bodies. Environmental Science&Technology,33(2):350-357.

[42] Elberson M. A., Sowers K. R., 1997. Isolation of an aceticlastic strain of Methanosarcina siciliae from marine canyon sediments and emendation of the species description for Methanosarcina siciliae. Inter national journal of systematic bacteriology. 47: 1258-1261.

[43] Farber G., Keller W., Kratky B., et al., 1991. Coenzyme F430 from methanogenic bacteria: complete assignment of configuration based on an X-ray analysis of 12,12-Diepi-F430 pentamethyl ester and on NMR spectroscopy. Helvetica Chimica. Acta 74:697-716.

[44] Ferguson D. J. Jr. Gorlatova N., Grahame D. A.,et al., 2000. Reconstitution of dimethylamine: coenzyme M methyl transfer with a discrete

corrinoid protein and two methyltransferases purified from Methanosarcina barkeri. The Journal of biological chemistry. 275: 29053-29060.

[45] Fiala G, Stetter K. O. , 1986. Pyrococcus furiosussp. nov. represents a novel genus of marine heterotrophic archaebacteria growing optimally at 100°C. Archives of microbiology. 145:56-61.

[46] Finke N, Hoehler T. M. , Jørgensen B. B. , 2007. Hydrogen 'leakage' during methanogenesis from methanol and methylamine: implications for anaerobic carbon degradation pathways in aquatic sediments. Environ Microbiol 9:1060-1071.

[47] Frankignoulle M. , Abril G. , Borges A. , et al. , 1998. Carbon dioxide emission from European estuaries. Science, 282(5388):434-436.

[48] Freeman C. , Liska G. , Ostle N. J. , et al. , 1995. The use of fluorogenic substrates for measuring enzyme activity in peatlands. Plant and Soil, 175:147-152.

[49] Freeman C. , Nevison G. B. , Hughas S. , et al. , 1998. Enzymic involvement in the biogeochemical responses of a Welsh peatland to a rainfall enhancement manipulation. Biol Fertil Soils. 27:173-178.

[50] Fricke W. F. , Seedorf H. , Henne A. , et al. , 2006. The genome sequence of Methanosphaera stadtmanae reveals why this human intestinal archaeon is restricted to methanol and H_2 for methane formation and ATP synthesis. Journal of bacteriology. 188: 642-658.

[51] Gebert J. , Koethe H. , Gröengröeft A. , 2006. Prognosis of Methane Formation by River Sediments. J Soils Sediments 6:75-83.

[52] Glissman K. , Chin K-J. , Casper P. , et al. , 2004. Methanogenic pathway and archaeal community structure in the sediment of Eutrophic Lake Dagow: effect of temperature. microbial ecology. 48: 389-399.

[53] Guérin F. , Abril G. , Serca D. , et al. , 2007. Gas transfer velocities of CO_2 and CH_4 in a tropical reservoir and its river downstream . Journal of

Marine Systems, 66:161-172.

[54] Hao B., Gong W., Ferguson T. K., et al., 2002. A new UAG-encoded residue in the structure of a methanogen methyltransferase. Science 296: 1462-1466.

[55] Hedderich R., Whitman W., 2006. Physiology and biochemistry of the methane-producing Archaea. In The Prokaryotes, Vol. 2, 3rd ed. M. Dworkin, et al., Eds.: 1050 - 1079. New York: Springer Verlag.

[56] Siljanen H. M. P., Saari A., Krause S., et al., 2011. Hydrology is reflected in the functioning and community composition of methanotrophs in the littoral wetland of a boreal lake. FEMS Microbiology Ecology 75:430-445.

[57] Cadillo-Quiroz H., Yashiro E., Yavitt J. B., et al., 2008. Characterization of the archaeal community in a minerotrophic fen and terminal restriction fragment length polymorphism-directed isolation of a novel hydrogenotrophic methanogen. Applied and Environmental Microbiology, Apr. 74: 2059-2068.

[58] Hoehler T. M., Alperin M. J., Abert D. B., et al. 1998. Thermodynamic control on hydrogen concentrations in anoxic sediments. Geochimicaet Cosmochimica Acta 62: 1745-1756.

[59] Hoehler, T. M., Alperin M. J., Albert D. B, et al., 2001. Apparent minimum free energy requirements for methanogenic Archaea and sulfate-reducing bacteria in an anoxic marine sediment. FEMS Microbiology Ecology 38: 33-41.

[60] Huttunen J. T., Vaisanen T. S., Hellsten S. K., et al., 2002. Fluxes of CH_4, CO_2, and N_2O in hydroelectric reservoirs Lokka and Porttipahta in the northern boreal zone in Finland. Global Biogeochemical Cycles, 16 (1):3-11.

[61] Huttunen J. T., Väisänen T. S., Hellsten S. K., et al., 2003. Methane fluxes at the sediment-water interface in some boreal lakes and reser-

voirs. Boreal Environment Research 52:609-621.

[62] Huttunen J. T., Alm J., Liikanen A., et al., 2003. Fluxes of methane, carbon dioxide and nitrous oxide in boreal lakes and potential anthropogenic effects on the aquatic greenhouse gas emissions. Chemosphere 52, 609-621.

[63] IPCC Climate change (2001): the scientific basis. Contribution of Working Group I to the Third Assessment Report of the Intergovernmental Panel on Climate Change (Houghton JT, Ding Y, Griggs DJ, Noguer M, van der Linden PJ, Dai X, Maskell K & Johnson CA, eds), Cambridge University Press, Cambridge.

[64] IPCC2006,《2006年IPCC国家温室气体清单指南》,国家温室气体清单计划编写,编辑:Eggleston H. S., Buendia L., Miwa K., Ngara T. 和 Tanabe K.

[65] Ito A., Takahashi I., Nagata Y., et al., 2001. Spatial and temporalcharacteristics of urban atmospheric methane in Nagoya City, Japan:: an assessment of the contribution from regional landfills. Volume 35, Issue 18, June 2001, Pages 3137-3144.

[66] Jetten M. S. M., Stams A. J. M., Zehnder, A. J. B. 1992. Methanogenesis from acetate: a comparison of the acetate metabolism in Methanothrix soehngenii and Methanosarcina spp. FEMS Microbiology Letters 88: 181-197.

[67] Jin X. C., Tu Q. Y. Survey specification for Lake eutrophication. Environmental Science Press, Beijing 1990.

[68] Jorgensen B. B., Weber A., Zopfi J., 2001. Sulfate reduction and anaerobic methane oxidation in Black Sea sediments. Deep-Sea Res Pt I 48: 2097-2120.

[69] Juutinen S., Rantakari M., Kortelainen P., et al., 2009. Methane dynamics in different boreal lake types. Biogeosciences, 6:209-223.

[70] Falz K. Z. , Holliger C. , Grobkopf R. , et al. , 1999. Vertical Distribution of Methanogens in the Anoxic Sediment of Rotsee (Switzerland). Applied and Environmental Microbiology. 65:2402-2408.

[71] Kankaala P. , Ojala A. , Käki T. , 2004. Temporal and spatial variation in methane emissions from a flooded transgression shore of a boreal lake. Biogeochemistry 68:297-311.

[72] Kendall, M. M. , Boone D. R. , 2006. Cultivation of methanogens from shallow marine sedimentsat Hydrate Ridge, Oregon. Archaea. 2: 31-38.

[73] Kendall M. M. , Wardlaw G. D. , Tang C. F. et al. , 2007. Diversity of Archaea in marine sediments from Skan Bay, Alaska, including cultivated methanogens, and description of Methanogenium boonei sp. nov. Applied and environmental microbiology 73: 407-414.

[74] Kendall M. M. , Liu Y. , Boone D. R. , 2006. Butyrate- and propionate-degrading syntrophs from permanently cold marine sediments in Skan Bay, Alaska, and description of Algorimarina butyrica gen. nov. , sp. nov. FEMS Microbiol. Lett. 262: 107-114.

[75] Kobelt A. , Pfaltz A. , Ankel-Fuchs D. , et al. , 1987. The L-form of N-7-mercaptoheptanoyl-O-phosphothreonine is the enantiomer active as component B in methyl-CoM reduction to methane. FEBS Letters. 214:265-268.

[76] Krakat N. , Westphal A. , Schmidt S. , et al. , 2010. Anaerobic digestion of renewable biomass: thermophilic temperature governs methanogen population dynamics. Applide and environmental microbiology, Mar. 76: 1842-1850.

[77] Krzycki J. A. , 2005. The direct genetic encoding of pyrrolysine. Current Opinion in microbiology. 8: 706-712.

[78] Lay J.-J. , Miyahara T. , Noike T. , 1996. Methane release rate and methanogenic bacterial populations in lake sediments. Water Research,

30(4):901-908.

[79] Lee C., Kim J., Shin S. G., et al., 2010. Quantitative and qualitative transitions of methanogen community structure during the batch anaerobic digestion of cheese-processing wastewater. Applied Microbiology and Biotechnology 87:1963-1973.

[80] Furlanettoa L. M., Marinhob C. C., Palma-Silvaa C., et al., 2012. Methane levels in shallow subtropical lake sediments: Dependence on the trophic status of the lake and allochthonous input. Limnologica 42(2): 151-155.

[81] Lessner, D. J., Li L., Rejtar T., et al. 2006. An unconventional pathway for reduction of CO_2 to methane in CO-grown Methanosarcina acetivorans revealed by proteomics. Proceedings of the National Academy of Sciences of the United states of America 103: 17921-17926.

[82] Lisa M. S., John M. R., 2009. mcrA-targeted real-time quantitative PCR method to examine methanogen communities. Applied and environmental microbiology, 75(13):4435-4442.

[83] Liu Y., Whitman W. B., 2008. Metabolic, phylogenetic, and ecological diversity of the methanogenic archaea. Annals of the New York Academy of Sciences 1125:171-189.

[84] Bellido J. L., Tulonen T., Kankaala P., et al., 2009. CO2 and CH4 fluxes during spring and autumn mixing periods in a boreal lake (Pääjärvi, southern Finland). Journal of Geophysical Research 114, G04007. doi:10.1029/2009JG000923.

[85] Lovley D. R., Phillips E. J. P., 1987. Competitive Mechanisms for inhibition of sulfate reduction and methane production in the zone of ferric iron reduction in sediments. Appl. Environ. Microbiol. 53:2636-2641.

[86] Lowe D. C., 2006. Global change: a green source of surprise. Nature 439: 148-149.

[87] Lueders T. , Chin K. -J. , Conrad R. , et al. , 2001. Molecular analyses of methyl-coenzyme M reductase alpha-subunit (mcrA) genes in rice field soil and enrichment cultures reveal the methanogenic phenotype of a novel archaeal lineage. Environmental Microbiology 3(3):194-204.

[88] Luo H. , Sun Z. , Arndt W. , et al. , 2009. Gene order phylogeny and the evolution of methanogens. PLoS ONE 4(6): e6069. doi:10.1371/journal.pone.0006069.

[89] Lyimo T. J. , Poi A. , Op den Camp H. J. , et al. , 2000. Methanosarcina semesiae sp. nov. , a dimethylsulfide-utilizing methanogen from mangrove sediment. Int. J. Syst. Evol. Microbiol. 50: 171-178.

[90] Ma K. , Conrad R. , Lu Y. , 2012. Responses of methanogen mcrA genes and their transcripts to an alternate dry/wet cycle of paddy field soil. Appl Environ Microbiol. 78(2):445-454.

[91] MacGregor B. J. , Moser D. P. , Alm E. W. , et al. , 1997. Crenarchaeota in Lake Michigan sediment. Appl. Environ. Microbiol. 63: 1178-1181.

[92] Mahapatra A. , Patel A. , Soares J. A. , et al. , 2006. Characterization of a Methanosarcina acetivorans mutant unable to translate UAG as pyrrolysine. Mol. Microbiol. 59: 56-66.

[93] Matthews C. J. D. , St Louis V. L. , Hesslein R. H. , 2003. Comparison of three techniques used to measure diffusive gas exchange from sheltered aquatic surfaces. Environmental Science & Technology,37(4):772-780.

[94] McLatchey G. P. , Reddy K. R. , 1998. Regulation of organic matter decomposition and nutrient release in a wetland soil. J. Environ. QuaL, 27: 1268-1274.

[95] Michmerhuizen C. M. , Striegl R. G. , McDonald M. E. , 1996. Potential methane emission from north-temperate lakes following ice melt. Limnology and Oceanography 41:985-991.

[96] Miller, T. L., Wolin M. J., 1985. Methanosphaera stadtmaniae gen. nov., sp. nov.: a species that forms methane by reducing methanol with hydrogen. Arch. Microbiol. 141: 116-122.

[97] Murase J., Sugimoto A., 2001. Spatial distribution of methane in the Lake Biwa sediments and its carbon isotopic compositions. Geochemical Joural 35:257-263.

[98] Narihiro T., Hori T., Nagata O., et al., 2011. The impact of aridification and vegetation type on changes in the community structure of methane-cycling microorganisms in Japanese wetland soils. Biosci Biotechnol Biochem. 75(9):1727-1734.

[99] Newberry C. J., Webster G., Cragg B. A., et al., 2004. Diversity of prokaryotes and methanogenesis in deep subsurface sediments from the Nankai Trough, Ocean Drilling Program Leg 190. Environ. Microbiol. 6: 274-287.

[100] Nozhevnikova A. N., Simankova M. V., Parshina S. N., et al., 2001. Temperature characteristics of methanogenic archaea and acetogenic bacteria isolated from cold environments. Water Science and Technology, 44(8):41-48.

[101] Nunoura T., Oida H., Toki T., et al., 2006. Quantification of mcrA by quantitative fluorescent PCR in sediments from methane seep of the Nankai Trough. FEMS Microbiology Ecology. 57(1):149-57.

[102] Nüsslein B., Chin K.-J., Eckert W., et al., 2001. Evidence for anaerobic syntrophic acetate oxidation during methane production in the profundal sediment of subtropical Lake Kinneret (Israel). Environ. Microbiol. 3: 460-470.

[103] O'Brien J. M., Wolkin R. H., Moench T. T., et al., 1984. Association of hydrogen meta-bolism with unitrophic or mixotrophic growth of Methanosarcina barkeri on carbon monoxide. J. Bacteriol. 158: 373-375.

[104] Ojala A. , López Bellido J. , Tulonen T. , et al. , 2011. Carbon gas fluxes from a brown-water and clear-water lake in the boreal zone during a summer with extreme rain events. Limnology and Oceanography 56:61-76.

[105] Orcutt B. , Samarkin V. , Boetius A. , et al. , 2008. On the relationship between methane production and oxidation by anaerobic methanotrophic communities from cold seeps of the Gulf of Mexico. Environ Microbiol 10:1108-1117.

[106] OremLand R. S. , Polcin S. , 1982. Methanogenesis and sulfate reduction: competitive and noncompetitive substrates in estuarine sediments. Appl. Environ. Microbiol. 44: 1270-1276.

[107] Ostrovsky I. , Mcginnis D. F. , Lapidus L. , et al. , 2008. Quantifying gas ebullition with echosounder: The role of methane transport by bubbles in a medium sized lake. Limnology and Oceanography: Methods 6: 105-118.

[108] Parkes R. J. , Cragg B. A. , Banning N. , et al. , 2007. Biogeochemistry and biodiversity of methane cycling in subsurface marine sediments (Skagerrak, Denmark). Environmental Microbiology 9(5): 1146-1161.

[109] Phelps T. J. , Zeikus J. G. , 1984. Influence of pH on terminal carbon metabolism in anoxic sediments from a mildly acidic lake. Appl. Environ. Microbiol. 48: 1088-1095.

[110] Pumpanen J. , Kolari P. , Ilvesnienmi H. , et al. , 2004. Comparison of different chamber techniques for measuring soil CO_2 efflux. Agricultural and Forest Meteorology,123:159-176.

[111] Quay P. D. , Emerson S. R. , Quay B. M. , et al. , 1986. The carbon cycle for Lake Washington—A stable isotope study. Limnology and Oceanography 31:596-611.

[112] Ragsdale S. W. , Kumar M. , 1996. Nickel-containing carbon monoxide dehydrogenase/acetyl-CoA synthase. Chem. Rev. 96:2515-2539.

[113] Raymond P. A. , Cole J. J. , 2001. Gas exchange in rivers and estuaries:Choosing a gas transfer velocity. Estuaries,24(2):312-317.

[114] Reeve J. N. , Beckler G. S. , 1990. Conservation of primary structure in procaryotic hydrogenases. FEMS Microbiol. Rev. 87:419-424.

[115] Rhee T. S. , Kettle A. J. , Andreae M. O. , 2009. Methane and nitrous oxide emissions from the ocean: a reassessment using basin-wide observations in the Atlantic. J. Geophys. Research-Atmospheres 114.

[116] Roden E. E. , Wetzel R. G. , 2003. Competition between Fe(Ⅲ)-reducing and methanogenic bacteria for acetate in iron-rich freshwater sediments. Microbial Ecology 45:252-258.

[117] Roehm C. , Tremblay A. , 2006. Role of turbines in the carbon dioxide emissions from two boreal reservoirs,Québec,Canada. Journal of Geophysical Research,111:D24101.

[118] Romano M. , Sylvie C. , Muigai A. W. ,et al. , 2010. Archaeal Diversity in the Haloalkaline Lake Elmenteita in Kenya. Curr Microbiology 60:47-52.

[119] Rother M. , Oelgeschläger E. , Metcalf W. M. , 2007. Genetic and proteomic analyses of CO utilization by Methanosarcina acetivorans. Arch. Microbiol. 188(5): 463-472.

[120] Sauer K. , Harms U. , Thauer R. K. , 1997. Methanol:coenzyme M methyltransferase from Methanosarcina barkeri. Purification, properties and encoding genes of the corrinoid protein MT1. Eur. J. Biochem. 243:670-677.

[121] Schmaljohann R. ,1996. Methane dynamics in the sediment and water column of Kiel Harbour (Baltic Sea). Mar. Ecol.-Prog. Ser. 131:263-273.

[122] Schonheit P. , Keweloh H. , Thauer R. K. , 1981. Factor F420 degradation in Methanobacterium thermoautotrophicum during exposure to

oxygen. FEMS Microbiol. Lett. 12:347-349.

[123] Schubert C. J., Vazquez F., Lösekann-Behrens T., et al., 2011. Evidence for anaerobic oxidation of methane in sediments of a freshwater system (Lago di Cadagno). FEMS Microbiol Ecol 76:26-38.

[124] Schulz S., Conrad R., 1996. Influence of temperature on pathways to methane production in the permanently cold profundal sediment of Lake Constance. FEMS Microbiol. Ecol. 20: 1-14.

[125] Schulz S., Conrad R., 1995. Effect of algal deposition on acetate and methane concentrations in the profundal sediment of a deep lake (Lake Constance). FEMS Microbiol. Ecol. 16:251-259.

[126] Schulz S., Matsuyama H., Conrad R., 1997. Temperature dependence of methane production from different precursors in a profundal sediment (Lake Constance). FEMS Microbiol. Ecol. 22: 207-213.

[127] Schwarz J. I., Eckert W., Conrad R., 2008. Response of the methanogenic microbial community of a profundal lake sediment (Lake Kinneret, Israel) to algal deposition. Limnol. Oceanogr. 53:113-121.

[128] Sha C., Mitsch W. J., Mander Ü, et al., 2011. Methane emissions from freshwater riverine wetlands. Ecological Engineering 37 (1): 16-24.

[129] Siljanen H. M., Saari A., Krause S., et al., 2011. Hydrology is reflected in the functioning and community composition of methanotrophs in the littoral wetland of a boreal lake. FEMS Microbiol Ecol 75:430-445.

[130] Simankova M. V., Kotsyurbenko O. R., Lueders T., et al., 2003. Isolation and characterization of new strains of methanogens from cold terrestrial habitats. Systematic and Applied Microbiology. 26:312-318.

[131] Smith K. S., Ingram-Smith C., 2007. Methanosaeta, the forgotten methanogen? Trends Microbiol. 15: 150-155.

[132] Soumis N., Duchemin E., Canuel R., et al., 2004. Greenhouse

gas emissions from reservoirs of the western United States. Global Biogeochemical Cycles,18:3022.

[133] Sowers K. R. , Baron S. F. , Ferry J. G. , 1984. Methanosarcina acetivorans sp. nov. , an acetotrophic methane-producing bacterium isolated from marine sediments. Appl. Environ. Microbiol. 47: 971-978.

[134] Sprenger W. W. , van Belzen, et al. , 2000. Methanomicrococcus blatticola gen. nov. , sp. nov. , a methanol- and methylamine-reducing methanogen from the hindgut of the cockroach Periplaneta americana. Int. J. Syst. Evol. Microbiol. 50: 1989-1999.

[135] Sprenger W. W. , Hackstein J. H. P. , Keltjens J. T. , 2005. The energy metabolism of Methanomicrococcus blatticola: physiological and biochemical aspects. Antonievan Leeuwenhoek. 87: 289-299.

[136] Sprenger W. W. , Hackstein J. H. P. , Keltjens J. T. , 2007. The competitive success of Methanomicrococcus blatticola, a dominant methylotrophic methanogen in the cockroach hindgut, is supported by high substrate affinities and favorable thermodynamics. FEMS Microbiol. Lett. 60: 266-275.

[137] Steinberg L. M. , Regan J. M. , 2008. Phylogenetic comparison of the methanogenic communities from an acidic, oligotrophic fen and an anaerobic digester treating municipal wastewater sludge. Appl Environ Microbiol 74:6663-6671.

[138] Steinberg L. M. , Regan J. M. , 2009. mcrA-targeted real-time quantitative PCR method to examine methanogen communities. Appl Environ Microbiol 75:4435-4442.

[139] Szynkiewicz A. , Modelska M. , Jedrysek M.-O. , et al. , 2008. Ageing of organic matter in incubated freshwater sediments inferences from C and H isotope ratios of methane. Geological Quart 52: 383-396.

[140] Teh Y. L. , Zinder S. ,1992. Acetyl-coenzyme A synthetase in the

thermophilic, acetate-utilizing methanogen Methanothrix sp. strain CALS-1. FEMS Microbiol. Lett. 98: 1-7. Direct Link: AbstractPDF (552K) References.

[141] Thauer R. K., 1998. Biochemistry of methanogenesis: a tribute to Marjory Stephenson. Microbiology 144: 2377-2406.

[142] Trembly A., Varflvy L., Rochm C., et al., 2005. Greenhouse gas emissions: Fluxes and processes: hydroelectric reservoirs and natural environments. New York: Springer: 725-732.

[143] Valentine D. L., 2002. Biogeochemistry and microbial ecology of methane oxidation in anoxic environments: a review. Antonie Leeuwenhoek 81: 271-282.

[144] Von Klein D., Arab H., Völker H. et al., 2002. Methanosarcina baltica, sp. nov., a novel methanogen isolated from the Gotland Deep of the Baltic Sea. Extremophiles 6: 103-110.

[145] Vrede T., Tranvik L. J., 2006. Iron constraints on planktonic primary production in oligotrophic lakes. Ecosystem 9: 1094-1105.

[146] Wasserfallen A., Nölling J., Pfister P., et al., 2000. Phylogenetic analysis of 18 thermophilic Methanobacterium isolates supports the proposals to create a new genus, Methanothermobacter gen. nov., and to reclassify several isolates in three species, Methanothermobacter thermautotrophicus comb. nov., Methanothermobacter wolfeii comb. nov. and Methanothermobacter marburg ensis sp. nov. Int J Syst Evol Microbiol 50(1): 43-53.

[147] Whalen M., 1993. The global methane cycle. Annu Rev Earth Planet Sci 21: 407-426.

[148] Whiticar M. J., 1999. Carbon and hydrogen isotope systematics of bacterial formation and oxidation of methane. Chem. Geol. 161: 291-314.

[149] Whiticar M. J., Faber E., Schoell M., 1986. Biogenic methane formation in marine and freshwater environments: CO_2 reduction vs. acetate

fermentation — Isotope evidence. Geochim. Cosmochim. Acta. 50: 693-709.

[150] Whiting G. J., Chanton J. P., 1993. Primary production control of methane emission from wetlands. Nature 364:794-795.

[151] Whitman W., Bowen T., Boone D. The methanogenic bacteria. In The Prokaryotes, Vol. 3, 3rd ed. M. Dworkin, et al., Eds.: 165-207. NewYork: Springer Verlag 2006.

[152] Winfrey M. R., Zeikus J. G., 1979. Microbial methanogenesis and acetate metabolism in a meromictic lake. Appl. Environ. Microbiol. 37:213-221.

[153] Xing Y., Xie P., Yang H., et al., 2005. Methane and carbon dioxide fluxes from a shallow hypereutrophic subtropical Lake in China. Atmospheric Environment 39 (30):5532-5540.

[154] Yang H., Xing Y., Xie P., et al., 2008. Carbon source/sink function of a subtropical, eutrophic lake determined from an overall mass balance and a gas exchange and carbon burial balance. Environmental Pollution 151:559-568.

[155] Ye W., Liu X., Lin S., et al., 2009. The vertical distribution of bacterial and Archaeal communities in the water and sediment of Lake Taihu. FEMS Microbiol Ecol 70:107-120.

[156] Yu Y., Kim J., Hwang S., 2006. Use of real-time PCR for group-specific quantification of aceticlastic methanogens in anaerobic processes: population dynamics and community structures. Biotechnol Bioeng 93: 424-433.

[157] Yu Y., Lee C., Kim J., et al., 2005. Group-specific primer and probe sets to detect methanogenic communities using quantitative real-time polymerase chain reaction. Biotechnol Bioeng 89:670-679.

[158] Zeikus J. G., Wolee R. S., 1972. Methanobaeterium thermoau

totrophicus sp. n., an anaerobic, autotrophic, extreme thermophile. Journal of Bacteriology. 109(2):707-713.

[159] Zeng J., Yang L., Li J., et al., 2009. Vertical distribution of bacterial community structure in the sediments of two eutrophic lakes revealed by denaturing gradient gel electrophoresis (DGGE) and multivariate analysis techniques. World J Microbiol Biotechnol 25:225-233.

[160] Zhu R., Liu Y., Xu H., et al., 2010. Carbon dioxide and methane fluxes in the littoral zones of two lakes, east Antarctica. Atmospheric Environment 44 (3):30-311.

[161] Zinder S. H. Physiological ecology of methanogens. In Methanogenesis: Ecology, Physiology, Biochemistry and Genetics. J. G. FERRY, Ed.: 128-206. New York: Chapman & Hall 1993.

[162] 董凤忠,阚瑞峰,刘文清,等,2005.可调谐二极管激光吸收光谱技术及其在大气质量监测中的应用.量子电子学报,22(3):315-325.

[163] 关松荫,1986.土壤酶及其研究法.北京:中国农业出版社.

[164] 郝鲜俊,洪坚平,高文俊,2007.产甲烷菌的研究进展.贵州农业科学,35(1):111-113.

[165] 阚瑞峰,刘文清,张玉钧,等,2005.可调谐二极管激光吸收光谱法测量环境空气中的甲烷含量.物理学报,54(4):1927-1930.

[166] 李春霞,陈阜,王俊忠,等,2007.不同耕作措施对土壤酶活性的影响.土壤通报,38(3):601-603.

[167] 李阜棣,喻子牛,何绍江,1996.农业微生物学实验技术.北京:中国农业出版社:136-137.

[168] 李美群,邓洁红,熊兴耀,等,2009.产甲烷菌的研究进展.酿酒科技,(5):90-93.

[169] 马素丽,刘浩,严群,2011. Fe^{2+} 对太湖蓝藻厌氧发酵产甲烷过程中关键酶的影响.食品与生物技术学报,30(2):306-310.

[170] 万忠梅,宋长春,2009.土壤酶活性对生态环境的响应研究进展.土

壤通报,40(4):951-956.

[171] 汪世美,刘文清,刘建国,等,2006.基于可调谐二极管激光吸收光谱遥测 CH_4 浓度.光谱学与光谱分析,(2):221-224.

[172] 王跃思,王迎红,2008.中国陆地和淡水湖泊与大气间碳交换观测.北京:科学出版社:259-272.

[173] 于贵瑞,孙晓敏,2006.陆地生态系统通量观测的原理与方法.北京:高等教育出版社:450-458.

[174] 赵炎,曾源,吴炳方,等,2011.水库水气界面温室气体通量监测方法综述.水科学进展,(22):135-146.

[175] 张国政,1990.产甲烷菌的一般特征探讨.中国沼气,(2):5-8.

[176] 张银龙,林鹏,1999.秋茄红树林土壤酶活性时空动态.厦门大学学报(自然科学版),(1):134-141.

[177] 周礼恺,1987.土壤酶学.北京:科学出版社.

[178] 宗虎民,马德毅,王菊英,等,2009.氟苯尼考对海洋沉积物中胞外酶活性的影响.海洋通报,28(6):90-94.